中蜂工蜂采蜜　　　　　　　　　　　中蜂工蜂采粉

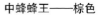

中蜂蜂王——棕色　　　　　　　　　中蜂蜂王——黑色

蜂箱活框饲养中蜂

窑洞无框饲养中蜂

木箱无框饲养中蜂

木桶无框饲养中蜂

山西省阳城县格子蜂箱中蜂蜂场

国家现代蜂产业技术体系儋州综合试验站400群中蜂示范蜂场

酸枣树

荔枝树

柿树

山楂树

枇杷树　　　　　　　　　　五倍子

椴树　　　　　　　　　　　荆条

5

枸          海棠

刺槐          栾树

山茱萸

益母草

党参

枸杞

野菊花

山葡萄

香薷

野坝子

油菜

芝麻

向日葵

9

荞麦　　　　　　　　　　　棉花

豫蜂中蜂蜂箱　　　　　　两框换面式摇蜜机

荆条蜂蜜

山花蜂蜜

制蜡原料——蜂巢

蜂蜡

河南日报刊登《蜜蜂授粉为
现代农业插上腾飞的翅膀》

蜜蜂为温室西瓜授粉——国家
现代蜂产业技术体系北京蜜蜂
授粉基地现场观摩会

装运授粉蜂群

中蜂为温室草莓授粉

国家科技支撑计划（油菜）蜜蜂授粉课题试验示范基地

国家现代蜂产业技术体系建设研究成果

# 中蜂饲养手册

## （第2版）

张中印　吴黎明　编著
柯　文　陈大福

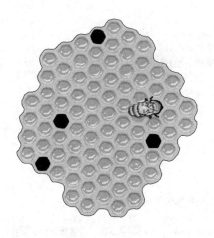

河南科学技术出版社

·郑州·

**图书在版编目（CIP）数据**

中蜂饲养手册/张中印等编著．—2 版．—郑州：河南科学技术出版社，2018.5

ISBN 978-7-5349-9194-3

Ⅰ．①中…　Ⅱ．①张…　Ⅲ．①中华蜜蜂-蜜蜂饲养-手册　Ⅳ．①S894.1

中国版本图书馆 CIP 数据核字（2018）第 075724 号

出版发行：河南科学技术出版社
地址：郑州市经五路 66 号　邮编：450002
电话：（0371）65737028　65788613
网址：www.hnstp.cn
策划编辑：陈淑芹　编辑邮箱：hnstpnys@126.com
责任编辑：陈淑芹
责任校对：司丽艳
封面设计：张　伟
版式设计：栾亚平
责任印制：朱　飞
印　　刷：河南瑞之光印刷股份有限公司
经　　销：全国新华书店
幅面尺寸：140 mm×202 mm　印张：4.875　字数：120 千字　彩页：12 面
版　　次：2018 年 5 月第 2 版　2018 年 5 月第 9 次印刷
定　　价：25.00 元

如发现印、装质量问题，影响阅读，请与出版社联系并调换。

# 第2版前言

光阴荏苒，时间如梭，《中蜂饲养手册》的出版发行在不知不觉中走过了五个年头。其间，这本书深受广大读者的喜爱和支持，对我国发展中蜂养殖和山区农民脱贫起到了应有的作用。五年来，我数百次地接到全国各地广大读者打来的电话，还有30余封热情洋溢的书信，大家对本书的赞扬和对作者的鼓励，以及将自己多年饲养中蜂的成功经验毫无保留地告诉我，并对本书提出修订和完善的宝贵意见，使我非常感动，也深感压力和责任的重大。

五年来，中蜂饲养技术也跟着时代和科技的步伐得到长足的发展，新成果、新技术不断涌现。河南卢氏、重庆彭水等多地山区县市，将中蜂养殖纳入"十三五"精准扶贫工作规划。中蜂发展喜遇春风，在此大背景下，抓紧修订完善《中蜂饲养手册》，为提高中蜂饲养技术水平、增加农民收入提供技术支撑，实乃时代的呼唤、蜂农的需要。

参与本次修订者，除张中印副教授和吴黎明研究员外，还特地邀请了福建农林大学蜂学学院陈大福博士和河南省新县农业局养蜂精准扶贫负责人柯文农艺师。完善和新增内容包括"豫蜂中蜂蜂箱、格子蜂箱养中蜂、防止盗蜂、收捕分蜂、防治中蜂囊状幼虫病"等，使得本书在技术上更加先进全面、简明实用。本书的修订再版，必将对发展中蜂、增加农民收入起到促进作用。

科技在不断发展，本书的完善和提高也不是一蹴而就、一劳永逸的，还需要广大读者在生产实践中提炼总结，传授经验，使

《中蜂饲养手册》成为所有中蜂饲养者的好帮手。

最后感谢所有对本书提供宝贵经验的读者、给予支持的领导、专家和编审人员，以及参考过的有关资料和被引用的国内外网站精彩图片的作者。

希望读者对本书内容批评指正，以便今后修改、增删，使之更加完善。

张中印

2017 年 10 月

# 前　言

　　蜜蜂是人类饲养的小型经济昆虫,它们以群(箱、窝、桶、笼、窖)为单位过着社会性生活。中蜂是我国几千年来饲养的传统蜜蜂品种,又称中华蜜蜂、土蜂。1910~1920年,我国仅人工饲养的中蜂就达500多万群,此后,我国引进意蜂和活框饲养。由于意蜂扩张、生殖干扰、食物竞争、传染疾病、研究滞后和环境变化等原因,到现在中蜂仅存200万群左右,生活区域、种群密度大幅缩减,许多原来中蜂繁衍兴旺的地方,如今难觅中蜂踪迹,甚至在广大平原地区已经绝迹。这对我国养蜂生产和作物授粉等都是巨大损失。

　　实践证明,中蜂具有意蜂不可替代的饲养和生态价值,经济效益也并不低于意蜂,投入与产出比更是优于意蜂,适合广大地区饲养。尤其是山区,饲养中蜂是解决群众就业、生活问题的一条可行路子。为了贯彻实施农业农村部《关于加快蜜蜂授粉技术推广促进养蜂业持续健康发展的意见》和《全国养蜂业"十二五"发展规划》,国家现代蜂产业技术体系新乡综合试验站站长暨河南科技学院张中印副教授和中国农业科学院蜜蜂研究所岗位科学家吴黎明副研究员,以及登封市畜牧局赵学昭畜牧师、云南农业职业技术学院龚薇副教授,在长期从事教学研究、养蜂生产和试验示范的基础上,征求了颜志立、张映升等老师的宝贵意见,编写出这本技术简明实用、措施得力、继承传统、求实创新的《中蜂饲养手册》。编写本书，旨在挖掘中蜂的生产潜力，推动蜂业发展，为农民增收和改善生态环境提供技术支撑。

本书在撰写和出版过程中，国家现代蜂产业技术体系首席科学家暨中国农业科学院蜜蜂研究所吴杰研究员对本书进行全面审核和认真修改，周冰峰等专家给予悉心指导，贵州省农业科学院徐祖荫研究员对本书提出了宝贵意见。本书还得到河南科学技术出版社领导和编辑的大力支持。在此谨向以上单位和个人致以衷心的感谢，对参考过的有关资料和被引用的国内外网站精彩图片的作者，也在此一并致以诚挚的谢意。

由于作者学识水平和实践经验有限，书中错误和欠妥之处恳请读者批评指正，以便再版时修改、增删，使之日臻完善。

编　者

2012 年 2 月

# 目　　录

# 第一章　中蜂资源概况

## 第一节　中蜂的历史

### 一、历史记载

中华蜜蜂又称中蜂、土蜂，是我国最早利用且至今与人类社会关系最为密切的昆虫之一。在河南安阳殷墟甲骨文中就有蜂字的原形，并有蜜字的记载。由此证明，我国在3 000年前就开始饲养中蜂了。

东汉时期，《高士传》记载了我国历史上第一位养蜂和传授养蜂技术的人——姜歧，隐居山林，"以畜蜂豕（猪）为事，教授者满天下，营业者三百人，民从而居者数千家"。

西晋《博物志》首次记载了将居住在空心树木中的蜂群搬回家饲养——木桶养蜂法，还用"蜜蜡涂器"诱引野生蜂群。《蜜蜂赋》用"繁布金房，送构玉室"，描述了蜂巢的巧妙结构；"应青阳而启户"，说明了蜜蜂喜暖，巢门四季均是向阳的；"散似甘露，凝如割脂"，形容了液态和固态蜂蜜。

唐代将蜂蜡加工成蜡烛和蜡丸，并用于蜡染手工业。

宋代养蜂技术文献《小畜集·记蜂》记载：①蜂王体色青苍，比常蜂稍大，无毒。②王生幼王于王台之中。③王在蜂安，王失蜂乱。④棘刺王台，可以控制分蜂。⑤取蜜不可多，多则蜂饥而不蕃（繁殖）；取蜜又不可少，少则蜂惰（懒惰）而不作。南宋《尔雅翼》还记录了多种蜜源植物和蜂蜜种类，有"色黄而味小苦"的黄连蜜、"色如凝脂"的梨花蜜、"色小赤"的桂花蜜等。《收蜂诗》用"空中蜂队如车轮，中有王子蜂中尊"，形象地描述了分蜂情景，用"前人传蜜延客住，后人秉艾催客奔"，阐明了捕捉分蜂的技术。

元代《农桑辑要》《农桑衣食撮要》和《王祯农书》，记载了当时的养蜂技术水平。第一，发明了无框蜂箱饲养中蜂，如蜂窑、蜂笼等；第二，《郁离子·灵丘丈人》系统地记载了选址建场、蜂群排列、箱具要求、四季管理、蜂群增殖、敌害防治以及取蜜原则等经验。

明代和清代，《本草纲目》指出"蜜蜂嗅花则以须代鼻"的生物学特性；《农政全书》中的"看当年雨水何如，若雨水调匀，花木茂盛，其蜜必多；若雨水少，花木稀，其蜜必少"，是预测植物泌蜜丰歉的理论。我国第一本养蜂专著《蜂衙小记》，对历代养蜂技术做了总结。到清代末年，全国约养中蜂500万群，野生中蜂种群更多。

20世纪20年代，我国引进了西方蜂种、活框蜂箱及其他养蜂技术。到1949年，全国饲养蜜蜂50万群，收购蜂蜜8 000吨。

现在，我国饲养中华蜜蜂300多万群，以生产蜂蜜为主，蜂蜡是副产品。

## 二、养蜂成就

元代的《郁离子·灵丘丈人》和清代的《蜂衙小记》，记载了我国古代养蜂的技术，对中蜂饲养经验进行了系统总结。

诱捕蜂群利用"以蜜涂桶"的方法，选择场地以"夏不烈日，冬不凝澌。飘风吹而不摇，淋雨沃而不渍"为原则，采取"蜂宜不时扫除，治其虫蚁，夏月勤视，去其乳王，使勿分，分则老蜂衰"和"以香炷烨其双翼，使不得飞"，以及在秋末割蜜时保留部分饲料供蜂群越冬食用的管理措施。从"刳木以为蜂之宫"的蜂桶发展到具有上格和下格的方形蜂桶。

《农桑经·蜜蜂》中"收蜂之后，见其门户清静，来往不繁，经营不勤，此去兆也"；《花镜·蜜蜂》中"将蜂少过冬，蜂族必皆空"；《蜂儿》中"蜂儿不食人间仓，玉露为酒花为粮"；《本草纲目》中"嗅花则以须代鼻，采花则以股抱之"等，都是对蜜蜂特性的正确认识。

《汝南圃史》记载"四月小满割蜜则蜂盛"，取蜜于上格，育子于下格，即指割取方形蜂桶上层蜜脾。这种上格具有继箱的作用，从而增加蜂巢空间，初步解决了割蜜和繁殖的矛盾。这是当时最先进的中蜂饲养技术，目前，有些地方还在沿用这种方法。

我国古代，不但将蜂蜜、蜂蜡、蜂子和蜂毒用于医药，而且用于美食、美容。《蜜蜂赋》描写蜂蜜"散似甘露，凝如割肪，冰鲜玉润，髓滑兰香，穷味之美，极甜之长，百药须之以谐和，扁鹊得之而术良，灵娥御之以艳颜"。《本草纲目》记载蜂蜜"入药功效有五：清热也，补中也，解毒也，润燥也，止痛也。生则性凉，故能清热；熟则性温，故能补中；甘而和平，故能解毒；柔而濡泽，故能润燥；缓可以去急，故能止心腹肌肉疮疡之痛；和可以致中，故能调和百药与甘草同功"。"蜂蜜生凉熟温，不冷不燥。得中和之气，故十二脏腑之病，罔不宜之"。

蜂蜜还用于制造蜂蜜酒等；蜂蜡除用于治病外，还用于制作蜡缬、蜡烛等。

20世纪80年代，由全国中蜂协作委员会牵头，中国农业科学院蜜蜂研究所及多省（区）科研单位参与，开展了全国中蜂资源调查，并对中蜂生物学规律、饲养技术、良种选育等进行了较深入的研究，其成果以杨冠煌的专著《中华蜜蜂》、龚一飞的专著《蜜蜂分类与进化》为代表。近几年来，对中蜂分子生物学方面也进行了深入探讨。

进入21世纪，人们利用活框蜂箱（图1-1，图1-2）饲养或无框箱养或桶养蜜蜂，研究和继承古代养蜂的优良传统，并与现代科技相结合，使中蜂饲养技术得到较大的发展。

图1-1　活框蜂箱饲养中蜂

图1-2　活框蜂箱饲养中蜂巢脾

# 第二节 中蜂的现状

## 一、分布概况

**1. 分布地区** 全国除新疆维吾尔自治区北部和内蒙古自治区北部外，各省（区）都有中蜂。从东南沿海到海拔约 4 000 米的青藏高原，中蜂都能生存和繁衍。近年来，随着山林的破坏，外来蜂种的引进与发展，环境变化所造成的隔离，使中蜂的栖息地越来越少，分布极不均匀，70%的中蜂生活在长江以南各省（区），黄河水系仅限秦岭山脉、大巴山脉和太行山脉，东北地区较少。

**2. 中蜂类型** 由于受生存地域的影响，使蜜蜂个体和群体、生物学特性产生差异，据此将中蜂分为海南中蜂、东部中蜂、藏南中蜂和阿坝中蜂等不同亚种或生态类型，以东部中蜂数量最多。

海南中蜂是中蜂中个体最小的一种，群势 1.25~1.5 千克。蜂王平均日产卵量 500~700 粒，分蜂性强，在 7~8 月易发生迁徙（飞逃）。抗寒性差，贮蜜力差，利用花粉的能力强。海南中蜂主要分布在海南省，约有 10 万群。

东部中蜂个体较大，体色灰黄至灰黑色，群势 1.5~3.5 千克，是目前人工饲养的主要品种。蜂王平均日产卵量 900 粒左右，分蜂性、采集力和耐寒性一般，适应于冬冷夏热、蜜源种类多但比较分散的生态环境，善于利用晚秋和早春蜜源，抗胡蜂和蜂螨能力强。分布在广东、浙江、福建、广西、江西、安徽、贵州、湖北、湖南、四川、云南、陕西、河南、山西和吉林等省（区）的丘陵和山区，约有 200 万群。

藏南中蜂个体较大，体色较黑，腹宽。分蜂性和耐寒性强，采集力差。分布在雅鲁藏布江河谷、察隅河、西洛木河、苏班黑河和卡门河海拔 2 000~4 000 米的河谷地带。约有 2 万群，其中以墨脱、察隅、错那等县较多。

阿坝中蜂是中蜂中个体最大的一种，体黑色，群势 2.5~3.5 千克。蜂王平均日产卵量 800~1 200 粒，认巢力、分蜂性、采集力和耐寒性都较强，能够利用大宗蜜源。分布在四川的雅砻江流域和大渡河流域的阿坝、甘孜地区，生活在海拔 2 000 米以上的高原及山区，约有 15 万群。

## 二、生存现状

中蜂生存方式有两种，一是野生，二是家养。野生中蜂多生存在深山区，家养中蜂在长江以北地区，多饲养在山区、半山区或丘陵与平原接合部，即环境优美、森林覆盖率高的地方。

2010 年以来，中蜂经济效益和授粉生态价值日益增大，加上饲养中蜂确实是山区开展精准扶贫的短平快的好项目，使得全国中蜂得到发展，截至 2017 年年底，全国中蜂存栏量达到 300 万群。2017 年，笔者再次对河南中蜂生存环境、数量、饲养概况和经济价值等进行调查研究，结果表明：截至 2017 年 10 月，河南中蜂约 8 万群，较 10 年前增加了 12.5%，其中活框蜂箱饲养的约占 60%，无框饲养的占 30% 左右，这与 10 年前主要以无框饲养方法相比有较大改变。野生种群还是 3 万群左右，总体没有增加，它们居住在岩洞或树洞中。这些中蜂主要分布在河南省西部、南部和北部的山区、半山区、平原与山区接合部；中部和东部平原地区，自 20 世纪 70 年代以来逐渐消亡，目前已很难发现中蜂的踪迹。

在全国范围内，西藏、云南、贵州、四川等省（区）的偏僻地方，还有较多的野生中蜂种群，人工饲养以黄河以南各省

（区）为主。近百年来，中蜂种群数量和分布区域减少了75%以上，现存中蜂仅在广东、贵州、云南、四川等省集中连片饲养（生存），其他省区多数呈零星分布。

由于中蜂个体小，在食物上竞争不过意蜂，而中蜂在往意蜂巢穴盗取蜂蜜时常被消灭；在生殖上，中蜂处女蜂王的交配又受到西方蜜蜂雄蜂的干扰。当今世界，社会经济高速发展，造成环境和蜜源条块分割，农药频繁使用，加上人们认识的偏见和干预，隔断了中蜂扩散和远缘杂交的链条，促使中蜂数量急剧下降。另外，人工饲养的中蜂，由于缺乏科学方法，导致蜂病增加，还有一些人为的割蜜杀蜂行为，也加速了中蜂的凋零。

# 第三节　中蜂的价值

## 一、饲养中蜂的效益

中蜂的价值有多大？养中蜂是否有效益？笔者带着这个问题，再次考察了河南省山区的部分农户，结果如下。

**1. 经济效益**　2017 年在河南大别山区新县调查中，60 多岁的曾昭堂师傅，饲养的 60 多群中蜂全部住在崖壁的洞中（图 1-3），蜂病少，投入少，每群每年蜂蜜产量 10 千克左右，高的达 25 千克，每千克蜂蜜售价 100 ~ 120 元（零售），群年收入达 1 000元，而付出的劳动主要是凿洞取蜜。

2011 年，在河南省南召县五朵山景区，陈正国、陈天峰利用无框蜂箱养中蜂 110 群，每年收获蜂蜜约 4 500 斤①，收入 15 万元左右。

---

①　斤为非法定计量单位，农民常用。1 斤 = 0.5 千克。

图 1-3　崖壁洞中饲养的中蜂

笔者对洛阳市、郑州市和信阳市等地的调研结果同样表明，在河南省人工饲养的中蜂，每群每年取蜜约 40 斤，净收入 500 元左右。

另外，中蜂发展很快，只要饲料充足，每年分蜂 3~4 次，即可增加蜂群 3~4 倍。

**2. 社会效益**　自 2008 年以来，中国养蜂学会和河南陕州区残疾人联合会在陕州区店子乡和张汴乡共建养蜂助残基地，帮助残疾人饲养中蜂脱贫致富（图 1-4）；国家现代蜂产业技术体系新乡综合试验站在店子乡建立中蜂试验示范蜂场，为当地饲养中蜂人员提供技术帮助。河南省栾川县潭头镇秋林村地处熊耳山腹地，该地有名的隆祥种、养殖专业合作社，有社员近 30 户，其中精准贫困户就有 8 户，他们依据当地刺槐、荆条、党参、五味子、血参、九月菊等丰富的蜜源资源，以及该地山区特有的中蜂，发展中蜂养殖事业。薛文卿社长的中蜂示范场（图 1-5）有蜂 180 余群，年收入 15 万元以上。他不仅自己养中蜂致富，还带领乡亲致富，争取到 2020 年使社里的贫困户都脱贫。"十三五"期间，河南省卢氏县政府将养蜂扶贫纳入政府工作规划，做到村村有中蜂，打造卢氏中蜂蜂蜜品牌，带动千户人家脱贫。大家齐心合力，将这些转瞬即逝的资源，利用蜜蜂搜集起来，造福人类，是多么有意义的"甜蜜"事业。

图1-4 中国养蜂学会理事长张复兴考察陕州区农民养中蜂

图1-5 国家现代蜂产业技术体系新乡综合试验站薛文卿中蜂示范场

在山区养1箱中蜂，按最保守的估计，收入也在100元以上，养蜂10箱完全可以解决当地农民的生活问题。对于残疾人来说，利用当地的资源，养一群中蜂比养一头猪要容易。

**3. 生态效益**　中蜂能够为我国绝大部分植物授粉，适应本地气候，抗病能力强，是我国自然生态体系和现代农业建设不可缺少的主要授粉昆虫，也是意蜂不能代替的经济昆虫。蜜蜂为瓜果类作物授粉，形成的果实果形好，甜度大，产量高，对生态的积极贡献是无法用金钱估量的。

## 二、发展中蜂的方向

适合中蜂饲养的地方主要有山区以及绿化较好的城市，只要管理科学，都会产生好的效益。另外，在平原地区，农场、果园饲养中蜂为作物授粉，对提高作物质量和产量很有成效。中蜂可以桶养，也可以箱养，活框饲养是实现中蜂标准化、规模化、产业化和现代化养殖的必由之路，它代表着中蜂的发展方向。发展中蜂，须做好以下工作：

**1. 加强科学研究**　研究中蜂的生物学特性，制造适合中蜂生活习惯的蜂箱，按照中蜂管理和生产技术规范，饲养强群，生产优质蜂蜜和蜂蜡，提高产量和效益。

减少疾病发生，尤其要掌握防治中蜂囊状幼虫病的方法和措施。

**2. 合理进行生产**　减少取蜜次数，生产成熟蜂蜜，年年更新巢脾。

**3. 建立育王蜂场**　选育抗病、高产中蜂良种蜂王，向饲养员提供优质中蜂蜂王，解决中蜂蜂王在意蜂饲养区交配困难问题。还可以发展在城市养中蜂，振兴养中蜂事业。

**4. 保护中蜂资源**　中蜂是我国的优良蜜蜂资源，应加以保护。在中蜂集中地区建立保护区，例如在神农架林区、秦岭、太行山区、长白山区以及适合中蜂生活的地区，划出范围，严禁意蜂侵入，杜绝毁巢（杀蜂）取蜜和买蜂割蜜然后杀蜂的行为。

引导、加强本地中蜂的提纯复壮工作，慎重引进外来种群，禁止滥捕野生中蜂，保留野生中蜂种群基数。

**5. 发展山区养蜂**　在广大山区，利用蜜源好、种类多的优势，选择抗病能力强、能自然生存的中蜂种群，大力发展山区养蜂，扩大中蜂生存基地。而且能够就地取材，投资少，见效快。

**6. 保护蜜源植物**　在山区保护现有蜜源植物的多样性，结合退耕还林、水土保持、飞播造林和自然保护区规划，尽可能多地栽培蜜源植物，使开花期前后衔接，为蜂群提供源源不断的食物。

在平原及城市，与街道绿化、小区美化、道路植树、防风林带和功能林区相结合，将花草、灌木、乔木的栽培合理搭配，地上、空中立体利用，既符合环境需要，达到预定功能目的，又能兼顾中蜂生存环境的营造。

本书第二章介绍的中蜂利用的蜜源，都是在长期实践中，对环境保护、农业生产有积极贡献的植物，在人们改善环境、维护生态的过程中应当考虑。

# 第二章　中蜂饲养基础

## 第一节　中蜂的形态特征

蜜蜂是为人类制造甜蜜和为植物传授花粉的昆虫，个体生长发育由卵到成虫的整个过程，分为卵、幼虫、蛹和成虫四个阶段，其形态结构和生活形式各不相同（图2-1）。

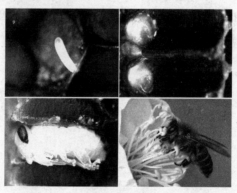

图2-1　蜜蜂个体生长发育的四个虫态
（左上：卵　右上：幼虫　左下：蛹　右下：成虫）

## 一、卵、幼虫和蜂蛹

**1. 卵**　蜜蜂卵呈香蕉状，乳白色，略透明；两端钝圆，一端稍粗是头部，朝向房口，另一端稍细是腹末，表面有黏液，立足巢房底部。从蜂王产卵到卵孵化，约持续 3 天，称为卵期。第 3 天后，孵出幼虫。

**2. 幼虫** 从卵孵化到第 5 次蜕皮结束，称为幼虫期。初孵化的幼虫呈新月形，淡青色，无足，漂浮在巢房底部的食物上。随着生长，体形呈 C 形、环状，白色晶亮，长大后则朝向巢房口发展，1 个小头和 13 个体节明显分化。正常情况下，未封盖幼虫期工蜂约 5.5 天、蜂王 5 天、雄蜂 7 天。

**3. 蛹** 从幼虫化蛹到羽化出房，称为蛹期。蜜蜂蛹期在封盖巢房内吐丝结茧，组织和器官继续分化和发育，逐渐形成成虫的各个器官。正常情况下，封盖子期工蜂约 11 天、蜂王 8 天、雄蜂 13 天。

**4. 成虫** 蛹变成成虫时，蛹壳裂开，成虫咬破巢房，羽化出房，即是我们在外界看到的蜜蜂。刚羽化的蜜蜂还须经过数天的再发育，才能长成功能齐全的成年蜜蜂。

## 二、成虫的外部形态

蜜蜂成虫的躯体分为头部、胸部、腹部三部分，由多个体节构成。体表是一层几丁质骨架，构成体形，支撑和保护内脏器官；表面密被绒毛，具有保温护体和黏结花粉的作用，有些还具有感觉功能（图 2-2）。

### （一）头部

头部是蜜蜂感觉和饮食的中心，表面着生眼、触角和口器（图 2-3），里面有腺体、脑和神经节等。头和胸由一个细且具弹性的颈相连。

**1. 眼** 蜜蜂的眼有复眼和单眼两种。复眼 1 对，位于头部两侧，大而突出，暗褐色，有光泽；并由许多表面呈正六边形的小眼组成。蜜蜂复眼视物为嵌像，对快速移动的物体看得清楚，能迅速记住黄、绿、蓝、紫色，对红色是色盲，厌恶黑色与毛茸

图 2-2 外部形态

1. 头部 2. 胸部 3. 腹部 4. 触角 5. 复眼
6. 翅 7. 后足 8. 中足 9. 前足 10. 口器

茸的东西。单眼 3 个，呈倒
三角形排列在两复眼之间与
头顶上方。单眼为蜜蜂的第
二视觉系统，它对光强度的
敏感，决定了蜜蜂早出晚归。

**2. 触角** 蜜蜂有触角 1
对，着生于颜面中央触角窝，
膝状，由柄、梗、鞭 3 节组
成，可自由活动，司味觉和
嗅觉。

**3. 口器** 蜜蜂的口器由
上唇、上颚和喙等组成，适

图 2-3 工蜂的头部

于吸吮花蜜和嚼食花粉。喙与消化道中的蜜囊（前胃）组成采
集和贮存运输花蜜的工具。

**（二）胸部**

胸部是蜜蜂运动的中心，由前胸、中胸、后胸和并胸腹节组
成。中胸和后胸的背板两侧各有 1 对膜质翅，依次称前翅和后
翅，具有飞行和扇风的作用；前、中、后胸腹板两侧分别着生前

足、中足、后足各1对，行使爬行和采集功能。并胸腹节后部突窄接腹柄而与腹部相连。

**1. 翅** 蜜蜂翅2对，前翅大于后翅，膜质透明（图2-4）。翅上有翅脉，是翅的支架；翅上还有翅毛。前翅后缘有卷褶，后翅前缘有1列向上的翅钩。静止时，翅水平向后折叠于身体背面；飞翔时，前翅掠过后翅，前翅卷褶与后翅翅钩搭挂——连锁，以增加飞翔力。

图2-4 工蜂的翅
左：前、后翅 右：翅脉

蜜蜂的翅除飞行外，还能扇动气流和振动发声，调节巢内温度和湿度，传递信息。

**2. 足** 蜜蜂的足分前足、中足和后足3对，均由基节、转节、股节、胫节和跗节组成（图2-5）。跗节由5个小节组成：基部加长扩展呈长方形的分节称基跗节，近端部的分节叫前跗节，其端部具有1对爪和1个中垫，爪用于抓牢表面粗糙的物体，中垫能分泌黏液附着于光滑物体的表面。足的分节有利于蜜蜂灵活运动。

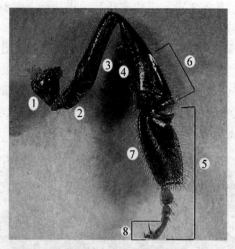

图 2-5　工蜂的后足
1. 基节　2. 转节　3. 股节　4. 胫节　5. 跗节
6. 花粉篮　7. 基跗节　8. 前跗节

　　工蜂后足胫节端部宽扁，外侧表面光滑而略凹陷，周边着生向内弯曲的长刚毛，相对环抱，下部偏中央处独生 1 支长刚毛，形成一个可携带花粉的装置——花粉篮。工蜂搜集到的花粉粒在此堆集成团，携带回巢。

## （三）腹部

　　腹部由 1 组环节组成，是内脏活动和生殖的中心，螫针和蜡镜是其附属器官。每一可见的腹节都是由 1 片大的背板和 1 片较小的腹板组成，并由侧膜连接；腹节之间由前向后套叠在一起，前后相邻腹节由节间膜连接起来（图 2-6）。

　　**1. 螫针**　螫针是蜜蜂的自卫器官，位于腹末。蜜蜂螫人时，螫针同蜂体断开，附着在皮肤上继续深入射毒，直到把毒液全部排出为止（图 2-7）。失掉螫针的工蜂，不久便死亡。雄蜂无螫针，蜂王的螫针只在两王搏斗时使用。

图 2-6　工蜂翘起的腹部

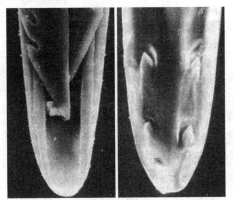

图 2-7　螫针的端部——倒钩

**2. 蜡镜**　在工蜂的第 4 至第 7 腹板的前部，各有一对光滑、透明、卵圆形的蜡镜，是承接蜡液凝固成蜡鳞的地方。

# 第二节 中蜂的生活习性

蜜蜂营社会性群体生活，蜂群是其生活和繁殖的基本单位，由蜂王、工蜂和雄蜂3种不同职能的个体组成。

## 一、蜂群的组成

一个蜂群通常由1只蜂王、千百只雄蜂和数千只乃至数万只工蜂组成（图2-8）。蜂王是一群之母，一群蜂中的所有个体都是它的儿女。工蜂承担着蜂巢内外的一切工作，但它们不能传宗接代；蜂群中的工蜂既有同母同父姐妹，也有同母异父的姐妹，它们分别继承了蜂王与各自父亲的遗传特性。雄蜂与处女蜂王交配、传宗接代，但不采集食物，蜂群中所

图2-8 蜜蜂的一家
（上：工蜂 中：蜂王 下：雄蜂）

有的雄蜂都是亲兄弟，它们继承了蜂王的基因特性。

蜂王：是由受精卵生成的生殖器官发育完全的雌蜂，具二倍染色体，在蜂群中专司产卵，是蜜蜂品种种性的载体，以其分泌蜂王物质量和产卵量来控制蜂群。蜂王羽化出来后的第5~9天交配，交配2~3天后开始产卵，1房1卵，在工蜂房和王台中产受精卵，在雄蜂房中产无精卵，在蜜源充足时，1只优良的蜂王每昼夜可产卵900粒。蜂王的寿命在自然情况下为3~5年，其产卵最盛期是第1~1.5年。在养蜂生产中，蜂王应

年年更换。

工蜂：是由受精卵长成的生殖器官发育不完全的雌蜂，具二倍染色体。一个具备优良蜂王的蜂群可拥有4万只工蜂，它们担负着蜂群内外的主要工作，并按日龄分工协作，正常情况下不产卵。工蜂的寿命在春季平均35天左右，夏季约为30天，在越冬期达到180天或更长。造成工蜂寿命差异的主要因素是培育幼虫和采集的劳动强度、温度高低以及花粉的丰歉等。这里应注意的是，在正常情况下，强群的工蜂无论在什么季节都比弱群的工蜂寿命长，就是说在相同季节和环境条件下，饲料和群势是影响工蜂寿命的关键。

雄蜂：是由无精卵发育而成的蜜蜂，具单倍染色体。雄蜂的职能是平衡性比关系，以及与处女蜂王交配。它是季节性蜜蜂，仅出现在春末至夏季的分蜂季节，其数量每群蜂中数百只不等。雄蜂没有偷盗特性，其寿命最长为3~4个月，平均寿命20天左右。在夏季和冬季食物稀少时，工蜂会赶走雄蜂。

## 二、蜂巢的结构

蜂巢是蜜蜂繁衍生息、贮藏粮食的场所，由工蜂泌蜡筑造多片与地面垂直、间隔并列的巢脾构成，巢脾上布满巢房（图2-9）。野生中蜂常在树洞、岩洞等黑暗地方筑巢，人工饲养的中蜂，生活在人们特

**图2-9 建筑在树枝下的蜂巢**
（半球形的蜂巢，有利于保温御寒）

制的蜂箱内，巢房建筑在活动巢框里，巢脾大小规格一致。中蜂育虫区的巢脾间距（蜂路）约9毫米，巢脾厚23毫米，贮蜜区巢脾厚27毫米；在自然状态下，单片巢脾的中下部为育虫区，上方及两侧为贮粉区，贮粉区以外至边缘为贮蜜区。从整个蜂巢看，中下部为培育蜂子区，外层为饲料区。

新巢脾色泽鲜艳，房壁薄，容量大，不容易招来病菌和滋生巢虫，每年春暖花开季节，将中蜂巢脾割除，让蜜蜂造新脾，或将巢箱的巢脾移到继箱贮存蜂蜜，巢箱放巢框供蜜蜂建造新脾繁殖。

## 三、中蜂的个体活动

### （一）中蜂个体活动特点

工蜂按照日龄大小进行分工，各自或合作完成筑巢、喂虫、守卫和采集等一系列巢内或巢外工作。在黑暗的蜂巢里，蜜蜂利用重力感觉器与地磁力来完成筑巢的定位。在来往飞行中，蜜蜂充分利用视觉和嗅觉的功能，依靠地形、物体与太阳位置等来辨别方位。而在近处则主要根据颜色和气味来寻找巢门位置和食物。在一个狭小的场地住着众多的蜂群，在没有明显标志物时，蜜蜂也会迷巢，蜂场附近的高压线会影响蜜蜂回巢。

晴暖无风的天气，中蜂载重飞行的速度为20~24千米/时，出巢飞行速度较慢；在逆风条件下常贴地面艰难飞行。中蜂的采集半径约1.5千米，高度不超过1千米。

一般情况下，蜜蜂在最近的植物上采集；在远处（在其飞行范围内）有更丰富、可口的植物花蜜、散粉的情况下，有些蜜蜂也会舍近求远，去采集该植物的花蜜和花粉，但距离蜂巢越远，去采集的蜜蜂就会越少。一天当中，蜜蜂飞行的时间与植物泌蜜时间相吻合。

**20**

（二）食物的采集与加工

蜂群生活所需要的营养物质，都由蜜蜂从外界采集物中获得。蜜蜂出外采集物主要为花蜜和花粉等。

**1. 花蜜的采集与酿造**　花蜜是植物蜜腺分泌出来的一种甜味液体，是植物招引蜜蜂和其他昆虫为其异花授粉必不可少的"报酬"。

蜜蜂飞向花朵，降落在能够支撑它的任何方便的部位，根据花的芳香和花蕊的指引找到花蜜，然后把喙从颏下位置向前伸出，在其达到的范围内将花蜜吮吸干净（图2-10）。有时这个工作需要在飞翔中完成。

图2-10　采集花蜜

将花蜜酿造成蜂蜜，一是要经过糖类的化学转变，二是要把多余的水分排出。花蜜被蜜蜂吸进蜜囊的同时即混入了蜜蜂上颚腺的分泌物——转化酶，蔗糖的转化就从此开始。采集蜂归巢后，把蜜汁分给1至数只内勤蜂，内勤蜂接受蜜汁后，找个安静的地方，头向上，张开上颚，反复伸缩喙，吐出吸纳蜜珠。20分钟后，酿蜜蜂爬进巢房，腹部朝上，将蜜汁涂抹在整个巢房壁上；如果巢房内已有蜂蜜，酿蜜蜂就将蜜汁直接加入。花蜜中的水分，在酿造过程中通过扇风来排除。如此 5~7 天，经过反复酿造和翻倒，蜜汁不断转化和浓缩，蜂蜜成熟，然后，逐步被转移至边脾，泌蜡封存。

**2. 花粉的收集与制作**　花粉是植物的雄性配子，其个体称为花粉粒，由雄蕊花药产生。饲喂幼虫和幼蜂所需要的蛋白质、脂肪、矿物质和维生素等，几乎完全来自花粉。

在蜜源植物开花季节，当花粉粒成熟时，花药裂开，散出花粉。蜜蜂飞向盛开的鲜花，拥抱花蕊，在花丛中跌打滚爬，用全身的绒毛黏附花粉，然后飞起来用 3 对足将花粉粒收集并堆积在后足花粉篮中，形成球状物——蜂花粉，携带回巢（图 2-11）。

图 2-11　采集花粉

蜜蜂携带花粉回巢后，将花粉团卸载到靠近育虫圈的巢（花粉）房中，不久内勤蜂钻进去，将花粉嚼碎夯实，并吐蜜湿润。在蜜蜂唾液和天然乳酸菌的作用下，花粉变成蜂粮。巢房中的蜂粮贮存至七成左右，再添加一层蜂蜜，最后用蜡封盖，以便长期保存。

## 四、中蜂的群体生活

在四季环境（气候、蜜粉源等）变化和自身适应条件下，中蜂群体每年都有相似的生活规律。蜂群健康生长，需要优质的蜂王、一定数量的工蜂和充足优质的饲料。

**1. 蜂群的生长** 春天，蜂王开始产卵，蜂巢温度稳定在34~35℃，蜂群繁殖力逐渐增强。蜂群势经过下降、恢复、上升和积累工蜂4个阶段，直至达到鼎盛时期，从此蜂群的生长便处于一个动态平衡中。黄河中下游流域，中蜂群势一般在4月下旬至5月上旬进入动态平衡。中蜂达到动态平衡时的群势，南方约20 000只蜜蜂，黄河流域约30 000只蜜蜂，这一时期也是生产蜂产品的好时机，如果没有适当的劳动强度，或没有更换老蜂王，则会发生分蜂（蜂群自然增殖）。

**2. 蜂群的增殖** 蜂群以分蜂的形式扩大种群数量——增殖，分蜂主要集中在早春第一个主要蜜源开花后期和秋季蜜源花期。例如，河南中蜂多在4月下旬至5月上、中旬发生自然分蜂，8~9月也会出现；贵州中蜂多在3~5月，其次是9月。分蜂时，老蜂王连同大半数的工蜂集群离去，另筑新巢；原群留下的蜜蜂和所有蜂子，待新王出房后，又形成一群，这个过程就叫自然分蜂，为蜂群的繁殖方式，是蜜蜂社会化生活的本能表现。

在人为干预下，只要食物充足，每年1群中蜂可分蜂4次，由初春时的1群增加到4群。

中蜂分蜂是由工蜂主导的，分蜂前工蜂建造王台，引导蜂王产卵，培育新王；其次，工蜂怠工，减少蜂王食物，蜂王产卵下降，整个蜂群处于停滞状态；分蜂时工蜂簇拥蜂王离开蜂巢，远走高飞，另行生活。

**3. 越冬和度夏**

（1）蜂群越冬期：从秋末冬初，蜂王停止产卵，直到翌年春天。当气温下降到6~8℃时，蜂群就集结成蜂团，蜂王在蜂团的中央，全群的蜜蜂聚集其周围；蜂团中央的蜜蜂吃蜜活动，并将产生的热量向蜂团表面输送，使蜂团表面的温度保持在6~10℃，中心温度处于12~24℃。在越冬过程中，中间的巢脾往往被啃穿成洞，以利于蜜蜂活动。

蜜蜂属于半冬眠昆虫，在越冬期，需要饮食、运动，获得维持巢穴所需要的最低（蜂群生存）能量。如果饲料消耗殆尽，蜂群就会被饿死；如果蜜蜂产生的能量不足以补偿蜂团表面散失的热量，蜂团外围的蜜蜂将逐渐被冻死。另外，还有一部分会老死。因此，越过冬天的蜂群，群势会下降。

（2）蜂群度夏期：在长江以南地区，夏季气温高，蜜源少，蜂王停产，群内断子，巢温接近外界气温，蜜蜂只进行采水降温活动，这一时期约持续2个月。而在蜜源较丰富的地方，蜂群无明显的度夏期。度夏的蜜蜂代谢比越冬的蜜蜂强，所以在南方度夏难于越冬。

（3）调节温、湿度：蜜蜂个体温度随气温而变化，蜂群对温度有一定的调控能力。

中蜂个体安全采集温度不低于10℃，生长发育的最适巢温是34~35℃，低于或超过这个温度范围，其生长发育将受到影响，有的死亡，有的虽然能羽化，但是体质差、寿命短和易生病。长期食物不足或蜂、子比例和巢温失调都会使蜂群衰弱不堪。

蜂群对蜂巢的温度有较强的调控能力，1个1 000克以上的蜂群（约12 000只蜜蜂），在繁殖季节能将培育蜂子区的温度维持在34~35℃。蜂群通常以疏散、静止、扇风、采水、离巢等方式降低巢温，以密集、缩小巢门、加快新陈代谢等方式升高巢温（图2-12）。长时间高温会使蜂王产卵量下降甚至停产，在耐受不了长期高温的情况下会飞逃；而在越冬期，群势过弱会冻死，没有食物会饿死。

蜜蜂通过采水来增加湿度，通过扇风来降低湿度。在干燥地区或高温季节，应给蜂群适当补充水分。

实践证明，强群在断子期，抗逆力强，蜜蜂死亡少，饲料消耗小，能保存实力，繁殖期发展快，能充分利用早春和秋季蜜源。

**图 2-12  蜂群对温度的适应**
（半球形的蜂巢有利于蜜蜂团结和保温，热时散开，冷时挤在一起）

强群培养的工蜂体壮、舌长、蜜囊大、寿命长、采蜜多，而且蜂巢内工作负担相对较轻，一旦遇到流蜜期就能夺取高产，并有利于生产成熟蜜。强群抵抗巢虫的能力强，不易罹患囊状幼虫病。

# 第三节  中蜂利用的蜜源

蜜蜂的食物是蜂蜜和蜂粮（图 2-13），来源于植物花朵分泌的花蜜和散出的花粉，蜂蜜为蜂群提供能量，蜂粮为蜂群提供蛋白质。此外，蜜蜂幼虫的生长发育还需要蜂乳（通常叫蜂王浆），

**图 2-13  蜂蜜（左）和蜂粮（右）**

由工蜂舌腺和唾腺分泌(图2-14)。

图2-14 蜂王浆

## 一、蜜源植物的概念

花是植物的生殖器官，是植物果实、种子形成的基础。一朵花由花柄（花梗）、花托、花萼、花冠、雄蕊、雌蕊和蜜腺等部分组成，蜜腺分泌花蜜，雄蕊散发花粉。能提供花蜜和花粉的植物或提供其中之一的，都叫蜜源植物。

**1. 花蜜** 绿色植物光合作用产生的有机物质，主要用于建造自身器官和供应生命活动的能量消耗，剩余部分积累并贮存于植物某些薄壁组织中，在开花时，则以甜汁的形式通过蜜腺分泌到体外，即花蜜（图2-15）。

图2-15 花蜜的产生——蜜腺分泌的甜汁（一品红）

**2. 花粉** 花粉是植物的（雄）性细胞，在花药里生长发育，植物开花时，花粉成熟并从花药开裂处散发出来（图2-16）。

图 2-16 花朵散出的花粉

**3. 影响开花的因素** 影响植物开花泌蜜散粉的因素，一是植物本身特性，如遗传因素、花的位置、生长好坏等；二是外界环境条件，如光照与气温、湿度与降水、刮风与沙尘等；三是人为影响，如农业技术、农药喷洒、激素应用等。

一般说来，阳光充足、雨水适中、风和日丽、温度 15～35 ℃、健康的植株分泌花蜜和散粉较好，反之则差。

## 二、重要的蜜源植物

我国能被中蜂利用的蜜源植物有 130 多种。

**1. 林木类** 有马尾松（甘露）、桉树、杨树*、旱（垂）柳、刺槐（洋槐）、椿树（臭椿）、女贞（白蜡树）、楝树（苦楝）、乌桕、橡胶树、粗糠柴（香桂树）、漆树、盐肤木（五倍子树）、柃（野桂花）（图 2-17）、柽柳（西湖柳）、杜鹃（映山红）、鹅掌柴（鸭脚木、八叶五加）、泡桐（兰考泡桐）、水锦树、六道木、椴树

图 2-17 柃

---

\* 表示粉源植物，没有花蜜

（糠椴、紫椴）、栾树、石栎（开花产生苦蜜）。

**2. 果树类** 有柑橘、枣树、酸枣、板栗、枇杷、苹果、梨树、猕猴桃、沙枣（银柳）、柿树、荔枝、龙眼（桂圆）、山楂。

**3. 作物类** 有荞麦、油菜、芝麻、棉花、向日葵、芝麻菜（芸芥）、茴香（小茴香）、槿麻（洋麻、黄红麻，甘露）、罂粟（阿芙蓉）、蚕豆（胡豆）、韭菜、芫荽（香菜）、油茶、棕榈树、辣椒、烟叶、西瓜、南瓜、西葫芦、香瓜、冬瓜、丝瓜、玉米*（玉蜀黍，少数年份产生蜜露）、水稻*、高粱*、荷花*（莲花、莲）。

**4. 花草类** 有紫云英（红花）、毛叶苕子（长毛野豌豆）、光叶苕子（广布野豌豆）、老瓜头（牛心朴子）、野坝子（狗尾巴香）、紫花苜蓿、草木樨、车轴草（白三叶、红三叶）、田菁（盐蒿）、水蓼（辣蓼）、山葡萄、铜锤草（红花酢浆草）、小檗（秦岭小檗）、黄刺梅、蓝花子、悬钩子（牛叠肚）、苦豆子、骆驼刺、沙打旺（直立黄芪）、膜夹黄芪（东北黄芪）、牛奶子、岗松（铁扫把）、大花菟丝子、薇孔草、葎草（拉拉秧）、瓦松、野草香（野苏麻）、紫苏（白苏）、薰衣草、东紫苏（米团花）、百里香（地椒）、鸡骨柴（酒药花）、香薷（山苏子）、柴荆芥（山苏子、木香薷）、密花香薷、牛至（满坡香）、瑞苓草、大蓟、芒（芭茅）、补龙胆、大叶白麻、柳兰。

**5. 药材类** 有丹参、夏枯草（牛抵头）、党参、桔梗、五味子、益母草、宁夏枸杞（中宁枸杞）、苦参、薄荷（留兰香）、君迁子（软枣）、甘草、怀牛膝、当归（秦归）、茵陈蒿（黄蒿）、野菊花、血草（中华补血草）、麻黄、黄连。

**6. 灌木类** 有荆条、野皂荚（麻箭杈针）、胡枝子、白刺花（狼牙刺）、冬青（红冬青）、黄栌（黄栌柴、蜜露）、茶树、杜英、越橘（短尾越橘）。

# 第四节　中蜂的饲养设备

工具是生产力水平的标志，功能齐全的养蜂设备可以提高生产效率，生产高质量的产品。

## 一、基本工具

### （一）蜂箱

饲养中蜂的基本工具是蜂箱，用杉木、红松或桐木制作。蜂箱是供蜜蜂繁衍生息和制造产品的基本用具，蜜蜂的生长发育和蜂产品的形成都是蜂群在蜂箱中完成的，蜂箱须符合蜜蜂的生活和人们生产的需要。在不同地区，中蜂蜂箱的大小、样式不同，主要有中蜂十框标准箱和沅陵式、高窄式、从化式、中一式等。另外，还有一部分群众使用郎氏意蜂标准蜂箱饲养中蜂，虽然增加了各种蜂具的通用性，但是，郎氏意蜂标准蜂箱的大小不适合饲养中蜂。

**1. 蜂箱的基本结构**　蜂箱由巢框、箱体、箱盖、副盖、巢门板等部件和隔板、闸板等附件构成（图2-18）。

（1）箱盖：在蜂箱的最上层，用于保护蜂巢免遭烈日的暴晒和风雨的侵袭，并有助于箱内保持一定的温度和湿度。

（2）副盖：盖在箱体上，使箱体与箱盖之间更加严密，防止蜜蜂出入。铁纱副盖须配备1块与其大小相同的布覆盖（覆布），木板副盖或覆布起保温、保湿和遮阳作用。

（3）隔板：一块木板，形状和大小与巢框基本相同，厚度10毫米。每个箱体配置1~2块，使用时悬挂在巢脾的外侧。既可避免巢脾外露，减少蜂巢热量、水分的散失，又可防止蜜蜂在箱内多余的空间筑造赘脾。

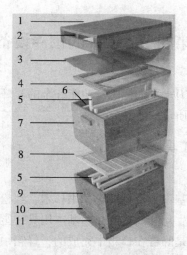

图2-18  蜂箱的基本结构

1. 箱盖  2. 通风窗  3. 盖布  4. 副盖  5. 巢脾  6. 隔板
7. 贮蜜继箱  8. 隔王板  9. 巢箱  10. 小巢门  11. 起落板

（4）闸板：形似隔板，宽度和高度分别与巢箱的内围长度和高度相同。用于把巢箱纵隔成互不相通的两个或多个区域，以便同箱饲养两个或多个蜂群。

（5）巢门板：为巢门堵板，具有可开关和调节巢穴口大小的小木块。

（6）箱底：蜂箱的最底层，一般与巢箱联成整体，用于保护蜂巢。

（7）箱体：包括巢箱和继箱，都是由4块木板合围而成的长方体，箱板采用L形槽拼缝，四角开直榫相接合。

巢箱是最下层箱体，供蜜蜂繁殖。继箱叠加在巢箱上方，是用于扩大蜂巢的箱体。继箱的长和宽与巢箱相同，高度与巢箱相同的为深继箱，巢框通用，供蜂群繁殖或贮蜜。高度约为巢箱1/2的为浅继箱，其巢框也约为巢箱的1/2，用于生产分离蜜、巢蜜或作为饲料箱。

（8）巢框：由上梁、侧条和下梁构成，用于固定和保护巢脾，悬挂在框槽上，可水平调动和从上方提出。巢框上梁腹面中央开一条深 3 毫米、宽 6 毫米的槽——础沟，为巢框承接巢础处（图 2-19、图 2-20）。两侧条中线有等距离的 3~4 个孔，供穿线固定巢础用。

图 2-19　巢框结构

图 2-20　巢框

**2. 中蜂十框标准箱**　即《中华蜜蜂十框蜂箱》（GB 3607—1983）所述蜂箱（图 2-21），适合我国部分地区饲养中蜂。采用这种蜂箱，早春双群同箱繁殖，采蜜期使单王和用浅继箱。

**3. 豫蜂中蜂蜂箱**　豫蜂中蜂蜂箱是一种增加巢箱下部活动空间、向上累加继箱扩大蜂巢并适合河南养蜂生产的中蜂蜂箱（图 2-22）。

（1）巢箱：蜂箱箱身左右内宽 275 毫米、前后内长 370 毫米、高 300 毫米。箱沿内开深 16 毫米、宽 10 毫米的 L 形槽（框槽），供承受巢框框耳。前后箱壁厚 22 毫米，左右箱壁厚 20 毫米。

（2）继箱：分深继箱和浅继箱两种，每套蜂箱配备深继箱 1个，或浅继箱 2~4 个。深继箱可作贮蜜箱，或与巢箱互换作越冬箱体；浅继箱仅作贮蜜箱，或临时用作饲料箱。

1）深继箱高 252 毫米，宽 315 毫米，长（前后）414 毫米。箱沿内开深 16 毫米、宽 10 毫米的 L 形槽，供承受巢框框耳；前

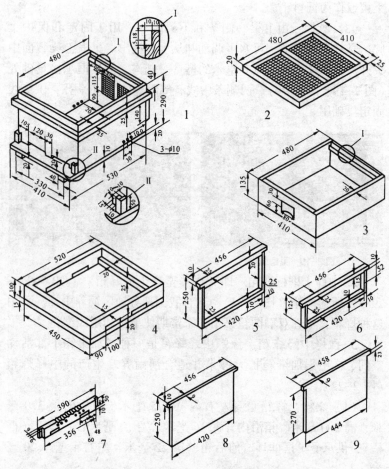

**图 2-21  中蜂十框标准箱（单位：毫米）**

1. 巢箱  2. 副盖  3. 浅继箱  4. 箱盖  5. 巢箱巢框

6. 浅继箱巢框  7. 巢门板  8. 隔板  9. 闸板

箱壁下缘偏左或偏右横开 70 毫米、高 5~7 毫米的巢门一个。前
后箱壁厚 22 毫米，左右箱壁厚 20 毫米。

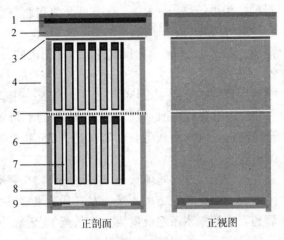

正剖面　　　　　　　　正视图

**图2-22　豫蜂中蜂蜂箱**

1. 箱盖内横梁　2. 箱盖　3. 副盖　4. 继箱　5. 隔王板
6. 巢箱　7. 巢框　8. 回旋空间　9. 巢门

2）浅继箱高145毫米，宽315毫米，长（前后）414毫米。箱沿内开深16毫米、宽10毫米的L形槽，供承受巢框框耳。前后箱壁厚22毫米，左右箱壁厚20毫米。另外，根据巢蜜生产需要，箱高随巢蜜盒（格）大小有所变动。

（3）巢框：与箱体配套，有深巢框和浅巢框两种。

1）深继箱巢框与巢箱巢框通用，内高210毫米，内宽334毫米，高、宽比约为2∶3。框梁长386毫米，宽20毫米，厚20毫米；侧条高230毫米，宽20毫米，厚10毫米；下梁长325毫米，宽12毫米，厚10毫米。每套蜂箱配备巢框14个。

2）浅继箱巢框内高105毫米，内宽334毫米。框梁长386毫米，宽20毫米，厚20毫米；侧条高125毫米，宽20毫米，厚10毫米；下梁长325毫米，宽12毫米，厚10毫米。另外，根据巢蜜生产需要，巢框内高随巢蜜盒（格）大小有所变动。

（4）巢门：为巢门堵板（档），具有可开关和调节巢穴口大小的小木块。巢门档开的小巢门高度 7 毫米。

（5）隔板：厚薄 10 毫米、比巢框外围尺寸稍大的一块木板。每个箱体各 1 块。

（6）箱底：厚 15 毫米，长 439 毫米，宽 355 毫米。箱底板上面左、右和后边沿装钉高 16 毫米、宽 40 毫米的 L 形木条，承接箱体。箱底左右各钉与箱底等长、宽和高为 25 毫米的木条各一根，支撑箱底。

（7）箱盖：内围尺寸比箱体长 10 毫米，板厚 15 毫米，内部前后边缘衬垫 25~30 毫米见方的木条，左右开通风窗口。

（8）副盖：由四根木条组成框架（木条宽 30 毫米，厚 20 毫米）和中间横梁组成，外围尺寸与箱身相同，钉铁纱。

此外，广东省使用的中蜂箱，结构简单，单箱体可容纳 6~7 脾蜂（图 2-23、图 2-24）。

图 2-23　广东省单箱体饲养中蜂（1）

有些地方还用木桶饲养中蜂，蜂桶是将高 60~80 厘米、直径 35 厘米左右的树段镂空，在中间位置用 3 厘米的方木条呈十字形穿过树段，方木下方供造脾繁殖，上方供造脾贮存蜂蜜。蜂桶置于石头平面上或底座（木板）上，巢门留在下方，上口用木板或片石覆盖，并用泥土填补缝隙（图 2-25）。

图2-24 广东省单箱体中蜂箱（2）

图2-25 蜂桶

## （二）巢础

巢础是采用纯蜂蜡制作的具有蜜蜂巢房房基的蜡片（图2-26），使用时镶嵌在巢框中，工蜂以其为基础分泌蜡液将房壁加高而形成完整的巢脾。

图2-26 巢础

## 二、生产工具

### （一）取蜜工具

**1. 分蜜机** 我国常用两框固定弦式分蜜机（图2-27），每次放2张脾，旋转蜜脾，利用离心力把蜜脾中一面的蜂蜜甩出来，换面后再甩出另一面。

图 2-27　两框固定弦式分蜜机
1. 桶盖　2. 桶身　3. 框笼　4. 摇柄　5. 传动机构

**2. 割蜜刀**　采用不锈钢制作。普通割蜜刀，刀身长约 250 毫米、宽 35~50 毫米、厚 1~2 毫米，用于切除蜜脾蜡盖，或将蜜脾从蜂巢中割除。电热割蜜刀，刀身长约 250 毫米，宽约 50 毫米，双刃，重壁结构，内置 120~400 瓦的电热丝，用于加热刀身至 70~80 ℃（图 2-28）。

图 2-28　电热割蜜刀

**3. 扫蜂刷**　通常采用白色的马尾毛和马鬃毛制作蜂刷（图 2-29），刷落蜜脾和育王框上的蜜蜂。

**4. 滤蜜器**　连续净化蜂蜜的装置，由 1 个外桶、4 个网眼大小不一（20~80 目，非法定计量单位。表示每平方英寸上的孔数）的圆柱形过滤网等构成（图 2-30）。

图 2-29 扫蜂刷

图 2-30 滤蜜器

## （二）榨蜡工具

螺杆榨蜡器（图 2-31）以螺杆下旋施压榨出蜡液，由榨蜡桶、施压螺杆、上挤板、下挤板和支架等部件构成。榨蜡桶采用厚度为 2 毫米的不锈钢板制成，呈圆柱形，直径约 350 毫米，内面间隔装置木条，在桶内壁上构成许多纵向的长槽，利于榨出的蜡液流下；桶身侧壁下部有 1 个出蜡口。施压螺杆采用直径约 30 毫米的优质圆钢车制

图 2-31 螺杆榨蜡器

而成，榨蜡时用于下旋对蜂蜡原料施加压力。上、下挤板采用不

锈钢或木材制成，其上有孔或槽，供导出提炼出的蜡液。榨蜡时，下挤板置于桶内底部，上挤板置于蜂蜡原料上方。支架采用金属或坚固的木材制成，用于装置螺杆和榨蜡桶。

## 三、辅助工具

**1. 起刮刀**　采用优质钢铁锻造，用于开箱时撬动副盖、继箱、巢框、隔王板，刮铲蜂瘤赘脾及箱底污物，起钉子等（图2-32）。

图 2-32　起刮刀

**2. 防蜂帽**　用于保护养蜂人员的头部和颈部，有方形和圆形两种，其前面视野部分采用黑色尼龙纱网制作（图2-33）。

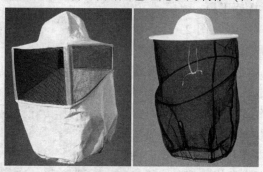

图 2-33　防蜂帽

**3. 收蜂网**　采用金属框架和铁纱制成，形似倒菱形漏斗，上有活盖，下有插板，两侧有耳，收捕高处的分蜂团时绑在杆上。使用时打开上盖，从下方套住蜂团并移动，使蜂团落入网内，随即加盖。抽去下部的插板，即可把蜂抖入箱内。布袋式收蜂网与此类似，另外，还使用笊篱收捕分蜂团（图2-34）。

图2-34 收捕工具——笊篱

**4. 平面隔王板** 由隔王栅片镶嵌在框架上构成（图2-35）。它将蜂巢隔离成繁殖区和生产区，即育虫区与贮蜜区、育王区，以便提高蜜的产量和质量。使用平面隔王板，将其水平置于上、下两箱体之间，把蜂王限制在育虫箱内繁殖。

**5. 喂蜂器** 流体饲料饲养器，用来盛装糖浆、蜂蜜和水，供蜜蜂取食（图2-36）。

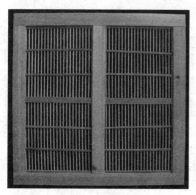

图2-35 平面隔王板

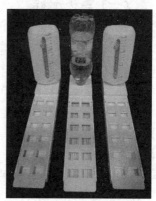

图2-36 喂蜂器

# 第三章　中蜂日常管理技术

## 第一节　中蜂的获得

获得中蜂的方法有两种，一是向养蜂场购买，二是猎捕野生中蜂。购买蜂群，随时都可进行，以春季为宜；猎捕中蜂，多在分蜂季节和野生中蜂较集中的山野进行。

### 一、猎捕

猎捕蜂群有诱获分蜂群、收捕分蜂群和猎获野蜂群3种方法。

#### （一）诱获分蜂群

在分蜂季节，将使用过的蜂箱置于山的南半坡，位置突出，中午前后有阳光照射（事前做好预防烈日暴晒措施），背风，箱内预先设置两个有1/3纯蜡巢础的巢框，并固定，巢门长60毫米、高15毫米。蜂箱内部还可以涂抹蜜蜡，引诱飞出的蜂群投奔（图3-1），并在每天午后观察。分蜂群投奔诱饵蜂箱后，待傍晚将其搬迁到预定饲养场所，并在原址再设置诱饵蜂箱，继续诱引蜜蜂。

2017年10月，我们调查了新县曾昭堂原生态中蜂场，他说他的中蜂蜂群每年越冬损失(死亡)约20%，来年4~5月分蜂季节，又有自然(分)蜂群住进无蜂洞穴中去，每年都达到60群蜂的规模。

图3-1 山坡上诱捕中蜂的蜂箱

## （二）收捕分蜂群

在分蜂季节，蜜蜂分蜂后，首先在附近屋檐下或树枝上集结，待寻找到合适的新址后，再一同前往。从分蜂集结和散开离去，间隔2~3小时，此间，可采取下述方法收捕：

**1. 笊篱召集** 用一个荆编的笊篱，中央绑几条布，布条接触分蜂团的上部，蜜蜂会自动聚集在笊篱下方，然后在预先准备好的蜂箱（备好一张带蜜的子脾，一张巢础框）上方，抖动笊篱将蜜蜂抖落箱中，盖上箱盖即可，或将笊篱边缘搭放在框梁和箱壁上，盖上覆布，待蜜蜂上脾后，取出笊篱，盖上副盖和箱盖即可。

**2. 网罗蜜蜂** 蜜蜂在高大的树梢上结团，将收蜂网袋绑在竿上，打开上盖，从下方套住分蜂团并移动，使蜂团落入网内，随即加盖（或拉拢绳索封口）。将网中的蜜蜂移到事先准备好的蜂箱上方，抽去下部的插板，即可把蜂抖入箱内；或将网袋倒置，打开网口，抖动网底将蜂抖落箱中。

**3. 收蜂台招蜂** 在蜂场边缘位置明显的地方，分散打上1~

1.5 米的木桩数个，木桩上方水平固定浸渍蜂蜡的方形木板一块，木板边长 25 厘米左右，即制成收蜂平台（图 3-2）。自然分蜂的蜂群在此聚集后，再引诱蜂群进入事先准备好的蜂箱中。

图 3-2　收蜂平台

**4. 收蜂斗聚蜂**　将收蜂斗（器）挂在蜂场四周来往较宽阔的树枝上（图 3-3），分出的蜜蜂将会在此聚集。

**5. 直接抖蜂进箱**　图 3-4 所示为收捕在低处小树枝上的分蜂团，可先把蜂箱置于蜂团下，然后压低树枝使蜂团接近蜂箱，最后抖蜂入箱，迅速盖好箱盖，打开巢门。

此外，对于聚集在树干上的分蜂团，可用铜版纸卷成锥形纸筒，将蜂舀入事先准备好的蜂箱中。对于附着在小树枝上的分蜂团，可一手握住分蜂团上部的树枝，另一手持枝剪在握树枝手的上方将树枝剪断，提回蜜蜂，抖入蜂箱。

捕捉分蜂团，务必将蜂王收回，并保证其安全。

图3-3　收蜂斗诱捕分蜂群

图3-4　收捕低处的分蜂团

## （三）猎获野蜂群

发现野生中蜂群后，首先准备好蜂箱、巢框、刀子（电热割蜜刀）和木板、透明塑料管、香或艾草、绳索等。

### 1. 暴露蜂巢的猎获操作

（1）切割巢脾：使用羽毛或青草轻轻拨弄蜜蜂，露出边缘巢脾，右手握刀沿巢脾基部切割，左手托住，取下巢脾置于木板上进行裁切。

用 1 个没有础线的巢框作模具，放在巢脾上，按照去老脾留新脾、去空脾留子脾、去雄蜂脾留粉蜜脾的原则进行切割，把巢脾切成稍小于巢框内径、基部平直且能贴紧巢框上梁的形体。

（2）镶嵌巢脾：将穿好铁丝的巢框套装已切割好的巢脾（较小的子脾可以 2 块拼接成 1 框），巢脾上端紧贴上梁，顺着框线，用小刀划痕，深度以接近房底为准，再用小刀把铁丝压入房底。

（3）捆绑巢脾：在巢脾两面近边条 1/3 的部位用竹片将巢脾夹住，捆扎竹片，使巢脾竖起；再将镶好的巢脾用弧形塑料片从下面托住，用细绳穿过塑料片把它吊绑在框梁上。其余巢脾依次切割捆绑。

（4）摆脾成巢：将捆绑好的巢脾立刻放进蜂箱内，子脾大的放中间，拼接的和较小的子脾依次放两侧，蜜粉脾放在最外边，巢脾间保持 6～8 毫米的蜂路，各巢脾再用钉子或黄胶泥固定。

（5）驱蜂进箱：用铜版纸卷成锥字形的纸筒，将聚集在一旁的蜜蜂舀进蜂箱，倒在框梁上，注意，要把蜂王收入蜂箱。然后，将蜂箱支高置于原蜂群位置，巢门口对外，离开 1～2 小时，让箱外的蜜蜂归巢。傍晚将蜂箱巢门关闭，搬移到预定地点。

（6）临时管理：次日观察工蜂活动，如果积极采集和清除蜡屑，并携带花粉团回巢，就表示蜂群已恢复正常。反之，应开箱调查原因进行纠正。4 天后，除去捆绑的绳索，整顿蜂巢，傍晚饲喂，促进蜂群造脾和繁殖。

对饲养在蜂桶（窖）中的蜜蜂，如果采用活框蜂箱饲养，可参照此方法进行过箱，但在事前须利用敲击的方法，将蜜蜂驱赶到收蜂笼中，绑定巢脾后，再将蜜蜂振落箱中。

**2. 洞穴蜂巢的猎获方法** 发现蜂巢，观察巢穴入口，选择其中一个入口作为操作点，在巢穴上方再留下（或制作）一个

出口，并插上透明管子，与准备好的蜂箱（提前固定一个具 1/3
巢础的巢框或巢脾，也可用布袋式收蜂器替代蜂箱）相连，堵塞
其余进出口。

点燃香或艾草，从入口插入巢穴，散发烟雾片刻，暂停数分
钟，再用烟雾熏蒸，逼迫蜜蜂经透明管子进入蜂箱，如果发现蜂
王通过，就表明捕获成功。

一般情况下，蜂王和 3 000 ~ 5 000 只蜜蜂钻进蜂箱，就应停
止捕猎工作，封闭上出口，保留下入口，以便剩余蜜蜂利用原有
王台或改造王台，培育新王，延续生命。否则，将蜜蜂全部收
入，割开入口，留下少量蜡、粉巢房，割除子脾、蜜脾，再将巢
穴恢复原样，待野生蜂群再次投奔、再次猎获。而割除的子脾、
蜜脾，通过裁剪、捆绑，还给蜂群。

**3. 注意事项**

（1）猎获野蜂群或中蜂过箱，一般选择外界蜜源丰富、蜜
蜂繁殖时期，具有一定的群势和子脾数量。猎获野蜂群的时间宜
在自然分蜂季节进行，以便留下部分蜂巢、蜜蜂和王台，作为再
次猎获或野生蜜蜂延续种族的诱饵。

（2）2 ~ 3 人协作，动作准确轻快，割脾裁剪规范，捆绑牢
固平整，尽量减少操作时间。

（3）蜜蜂移居蜂箱，尽量保留子脾，蜜蜂包围巢脾；食物
还须充足，若缺少蜂蜜，应在当天喂糖浆 100 克左右。

（4）忌阳光暴晒，忌震动蜜蜂。勤观察，少开箱，及时处
理蜂群逃跑问题。

（5）新蜂巢宜小不要大，以蜜蜂包裹巢脾为适合；所留蜜、
粉饲料以够用为度，不宜多。

## 二、购买

初始养蜂，蜂种以购买为主，先养 2 ~ 3 群，待掌握技术后

再扩大规模，一个放蜂点养 30 群蜂为宜，相距 2 千米左右。

**1. 购买时间** 购买中蜂宜于早春或分蜂季节，河南省多在 4 月下旬和 5 月，群势有 5 000 只（1.5 框）以上蜜蜂。

**2. 挑选蜂群** 在晴暖天气到蜂场观察，初选蜂群，箱前蜂多而飞行有力有序、蜂声明显和有大量花粉带回，无异味及死亡蜂蛹等病态蜂；然后开箱检查，要求蜂王体颜色新鲜，体大胸宽，腹部秀长丰满，产卵量大，动作迅速；要求工蜂个大、健康、体色一致，新蜂多，不扑人、不乱爬（见彩页 1）。要求子脾面积大，幼虫白色晶亮饱满，封盖子整齐成片，无花子（卵房、幼虫房和化蛹房混杂）和白头蛹（封口被啃）；要求食物内须有一定量的蜜粉。

蜂群选好后，应立即包装运输，到达目的地后进行全面管理。

# 第二节　蜂箱的放置

## 一、选址

中蜂多数定地饲养，场地以山区为宜，要求在场地周围 1.5 千米半径内，全年有 1~2 个比较稳产的主要蜜源（如荆条、酸枣等）和连续不断的辅助蜜源，无有害蜜源；水源充足，水质洁净。方圆 200 米内的温度、湿度和光照要适宜，避免选在风口、水口和低洼处，要求背风向阳，冬暖夏凉，巢门前面开阔，背面有挡风屏障。还要考虑诸如虫、兽、水、火等对人、蜂可能造成的危险，两蜂场之间相距 2 千米左右，要距离意蜂蜂场 2.5 千米以上。另外，还要避开化工厂、粉尘厂。

中蜂少数小转地放养，场地在蜜源中心或边缘皆可，要求蜂路开阔，蜂场标志明显。

## 二、摆放蜂箱

摆放蜂箱前，先把场地清理干净，蜂箱可摆放在房前屋后，也可散放在山坡。蜂箱前低后高，左右平衡，巢门朝向南方和东南皆可。

**1. 置于庭院**  置于房前屋后的蜂箱，应支离地面 25 厘米以上，经常打扫蜂场，防止蚁、兽等对蜜蜂的侵害以及保持蜂群卫生。有些群众将蜂箱（桶）悬挂在房屋墙壁上（图 3-5、图3-6）。

图 3-5  庭院摆放中蜂箱

**2. 散放山坡**  散放山坡的蜂群（图 3-7），每个点可放蜂 30 群左右（在蜜源丰富、连贯的条件下可多放）。利用窑洞养中蜂，具有挡风避雨、保温防暑的优点，在着重考虑蜜源利用和温、湿度对蜂群影响及通行方便安全的同时，还应预防自然灾害。

图 3-6　饲养在墙壁中的中蜂　　　　图 3-7　散放在山坡上的蜂群

　　**3. 集中排列**　集中排列蜂箱时，以 3~4 群为一组，背对背方向各异，以利于蜜蜂识别巢门方位、便于管理和不引起盗蜂为原则，充分利用地形、地面物体，使各群巢门尽可能朝不同方向或处于不同高低位置。

# 第三节　中蜂的检查

## 一、箱外观察

　　检查中蜂，多以箱外观察为主，根据蜜蜂的生物学特性和养蜂的实践经验，在蜂场和巢门前观察蜜蜂行为和现象，从而分析和判断蜂群的情况。

　　繁殖季节，如天气晴朗，工蜂进出巢穴频繁，说明群强，外界蜜源充足。工蜂携带花粉，说明蜂王产卵多、繁殖好。工蜂在巢门附近摇动双翅、来回爬行、不安，是蜂群无王的表现。工蜂伺机瞅缝隙钻空子进巢，则为蜜源中断的现象。巢穴中散发出腥臭或酸臭味，则蜂群患了幼虫腐烂病。

冬季，巢门前有蜜蜂翅膀，箱内必有鼠。抬举蜂箱，以其轻重判断食物盈缺。拍打蜂箱，正常蜂群蜜蜂会发出整齐的嗡鸣声。

## 二、开箱检查

### （一）检查注意事项

开箱检查要有计划，主要在分蜂季节、育种换王时期、越冬前后。

开箱检查蜂群次数尽量少，时间尽量短，天气尽量好，蜜源要丰富。操作时须穿戴防护衣帽，备齐起刮刀、喷水壶等工具。操作要求轻、稳、快、准，提脾放脾须直上直下，防止碰撞挤压蜜蜂，还须注意覆盖暴露的蜂巢，预防盗蜂。

检查结束，对蜂群的群势大小、蜜蜂稀稠、食物多少、蜂王优劣、王台有无、蜂子发育、蜜蜂健康等做出判断，记录存档，制定管理措施。

### （二）检查无框蜂群

在分蜂季节将蜂桶倾斜 30°左右，或打开蜂箱侧板，用烟驱赶蜜蜂，露出巢脾下缘，查看巢脾下部是否产生分蜂王台（图 3-8），如需分蜂，就留下 1 个较好的王台，并预测分蜂时间，等待时机收捕分蜂团；如果不希望分蜂，就除掉王台。同时，清扫箱底垃圾。

以造脾是否积极、蜂子有无病态判断蜂群繁殖、健康状况。

检查完毕，放好蜂桶，或再倒置过来，或堵上侧板，恢复原状，做好记录。

图 3-8　打开侧板检查无框蜂群

（三）检查有框蜂群

**1. 开箱程序**　开箱操作程序见图 3-9。

**2. 开箱操作**　人站在蜂箱的侧面，尽可能背对光线或在上风向，先拿下箱盖，依靠在蜂箱后壁，揭开覆布，用起刮刀的直刃插入副盖和箱沿之间，撬动并取下副盖，反搭在巢门踏板前，然后，推开隔板或把隔板取出，用双手拇指和食指紧捏巢脾两侧的框耳，将巢脾水平竖直向上提出，置于蜂箱的正上方。先看正对着的一面，再看另一面（图 3-10）（翻转巢脾时，先将上梁竖起，旋转 180°，然后双手放平，查看另一面。或者将巢脾下缘前伸，头前倾看另一面）。

检查过程中，需要处理的问题应随手解决，无特殊情况，检查结束时将巢脾恢复原状，巢脾与巢脾之间相距 8 毫米。最后，推上隔板，盖上副盖、覆布和箱盖，做好记录。

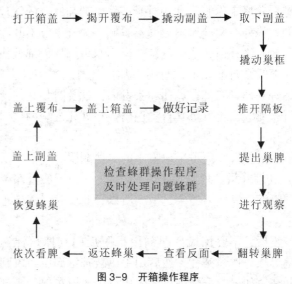

打开箱盖 → 揭开覆布 → 撬动副盖 → 取下副盖

撬动巢框

↓

盖上覆布 → 盖上箱盖 → 做好记录　　推开隔板

↑　　　　　　　　　　　　　　　　　　↓

盖上副盖　　　　　检查蜂群操作程序　　提出巢脾

↑　　　　　　　及时处理问题蜂群

↑　　　　　　　　　　　　　　　　　　↓

恢复蜂巢　　　　　　　　　　　　　　进行观察

↑　　　　　　　　　　　　　　　　　　↓

依次看脾 ← 返还蜂巢 ← 查看反面 ← 翻转巢脾

图3-9　开箱操作程序

**3. 防治蜂蜇**　正常情况下蜜蜂是不蜇人的，但打开蜂巢是对蜂群的挑衅行为，往往会引起工蜂的攻击，越是受到干扰的蜂群（如生病、无王、挤压和震动），越具有攻击性。蜜蜂蜇人时将蜇针插入皮肤，然后逃跑，并将蜇针和毒囊留下继续深入射毒。

（1）预防蜂蜇：检查蜂群时，操作人员应讲究卫生，穿戴白色或浅色衣服，勿带异

图3-10　检查蜂群，查看反面

味，忌对蜜蜂喘粗气、大声说话。操作准确，轻拿轻放，不挤压蜜蜂，不震动碰撞，尽量缩短开箱时间。戴好蜂帽，将袖、裤口

扎紧。穿着养蜂工作服。这些对蜂产品生产和蜂群的管理工作都是必要的。另外，阴冷风雨天气不看蜂，缺蜜季节不开箱。

若蜜蜂起飞扑面或绕头盘旋，就用双手遮住面部或头发，稍停片刻，蜜蜂会自动飞走，勿用手乱拍乱打、摇头或丢脾狂奔。若蜜蜂钻进衣袖、衣裤、鼻孔和头发内，就及时将其捏死；钻入耳朵中可压死它，也可等其自动退出。在处死蜜蜂的位置，用清水清洗异味。

对蜇人的蜂群，还可采取喷水的方法驯服。

（2）处理蜂蜇：蜂蜇使人疼痛 1~2 分钟，被蜇部位红肿发痒，出现炎症，有些人还会过敏，所以，要及时妥善处理蜜蜂蜇人事故。

被蜂蜇后，不要惊慌，即刻用指甲反向刮掉螫针，或借衣服、箱壁等顺势擦掉螫针，然后用手遮蔽被蜇部位，再到安全地方用水冲洗。如果被群蜂围攻，先用双手或覆布保护头部，退回屋（棚）中或离开蜂场，等没有蜜蜂围绕时再清除螫针、冲洗创伤，视情况进行下一步的治疗工作。

受蜂蜇刺出现炎症期间，勿抓破皮肤，一般 3 天后可自愈。对蜂毒过敏和中毒（被多个蜂蜇，难以忍受）的人，在拔除或刮除螫针后，及时送医院救治。应急时可在无名指甲外下半寸处放血，并用中指击打涌泉穴、掐人中，直到清醒为止。内服氯苯那敏、外敷季德胜蛇药片，或注射肾上腺素，对蜂毒中毒和过敏治疗有效。

## 第四节　中蜂脾修造

巢脾是蜂群生命的一部分，蜜蜂造脾是蜂群生长和生命力旺盛的具体体现。新脾巢房大（图3-11），不污染蜂蜜，病虫害也少，培育出的工蜂个头大、身体壮。因此，中蜂需要年年更新巢脾。修筑巢脾，通过上础和造脾两个工序完成。

图 3-11　新脾巢房

## 一、有框中蜂造脾

### （一）上础

上础包括钉框、打孔、穿线、镶础、埋线五个工序，如果采用无框线造脾，就省去打孔、穿线和埋线工作。

**1. 钉框**　先用小钉子从上梁的上方将上梁和侧条固定，并在侧条上端钉钉加固，最后固定下梁和侧条。钉框须结实、端正。

**2. 打孔**　取出巢框，用量眼尺卡住边条，从量眼尺孔上等距离垂直地在边条上钻 3~4 个小孔，再在小孔中镶嵌金属圈，增加孔的承受力。

**3. 穿线**　按图 3-12 所示，穿上 24 号铁丝，先将一头固定在边条上，依次逐道将每根铁丝拉紧，再将另一头固定。

**4. 镶础**　将巢框上梁在下、下梁在上置于桌面，先把巢础的一边插入巢框上梁腹面的槽沟内，巢础左右两边距两侧条2~3毫

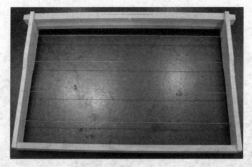

图 3-12　穿线

米，上边距下梁 5~10 毫米，然后用熔蜡壶沿槽沟均匀地倾注少许蜂蜡液，使巢础粘在框梁上。

**5. 埋线**　将巢础框平放在埋线垫板（图 3-13）

图 3-13　埋线垫板

上，从中间开始，用埋线器（图 3-14）卡住铁丝滑动（烙铁式埋线器须事先加热头部），把每根铁丝埋入巢础中央。埋线时用力要均匀适度，既要把铁丝与巢础固牢，又要避免压断巢础。

图 3-14　埋线器
1. 齿轮式　2. 烙铁式

电热埋线：在巢础下面垫好埋线板，套上巢框，使框线位于巢础的上面。接通电埋线器（图3-15）电源（6~12 伏），将 1 个输出端与框线的一端相连，然后一手持 1 根长度略比巢框高度长的小木片轻压上梁和下梁的中部，使框线紧贴础面，另一手持埋线器电源的另一个输出端，与框线的另一端接通。框线通电升温，

6~8秒（视具体情况而定）断开，烧热的框线将部分础蜡熔化并被蜡液封闭黏合。

图 3-15 电埋线器

安装的巢础要求平整、牢固，没有断裂、凸凹、偏斜的现象，巢础框暂时贮存在空箱内备用。另外，也可镶嵌 1/3 巢础供蜜蜂造脾。

### （二）造脾

造脾蜂群须繁殖正常，保持蜂多于脾和食物充足。傍晚，将巢础框插在粉蜜脾与子脾之间或边脾的位置，1 次加 1 张，与相邻巢脾间距 6~8 毫米。

如果外界蜜源泌蜜不好，傍晚对造脾蜂群加以饲喂。

巢础加进蜂群后，第二天检查，对发生变形、扭曲、坠裂和脱线的巢脾，及时抽出淘汰，或加以矫正后将其放入新王蜂群中修补。

## 二、无框中蜂造脾

桶养中蜂，每年春天先将蜂桶上部的巢脾割除榨蜜，然后将蜂桶倒置，原有旧脾供蜜蜂采酿蜂蜜，下部蜜蜂筑造新脾供蜂王产卵繁殖。割除旧脾，修筑新脾，以不影响繁殖和采蜜为准。

窑养（墙壁中的蜂群、方形木箱无框蜂群）中蜂，每年春天将蜂巢一边 1/2 的蜂巢割除榨蜜，留作蜜蜂造脾的空间，第二年割除另一半。

中蜂巢脾年年更新，一般不保存，撤换后及时做化蜡处理。

# 第五节　中蜂的饲喂

蜜蜂的食物是蜂王浆、蜂蜜和花粉，饮水也不可少。在早春，1 只越冬蜂分泌的蜂王浆仅能养活 1 只小幼蜂，即 3 脾蜂养活 1 子脾，按蜂数放脾，控制繁殖速度。工蜂泌乳所需要的营养和大幼虫的食物，则从花粉和蜂蜜（图 3-16）中来。

图 3-16　蜜蜂的食物——蜂蜜和蜂粮

## 一、喂糖

喂糖有奖励和补助两种情况，奖励多喂糖浆，补助多喂糖脾，若没有贮备糖脾时也可喂糖浆。

**1. 奖励喂蜂**　一般在早春繁殖和秋季繁殖时进行。如果食物充足，每天按时喂 1:1 的白砂糖水 100 克左右（或在 1 小时内吃完为准）。如果缺食，先补足糖饲料，使每个巢脾上有 0.5 千克糖蜜，再进行奖励饲养，以够当天消耗为准，直到采集的花蜜略有盈余为止。

采用喂糖饲水槽（图3-17）饲喂，一端喂糖浆，一端喂清水；采用巢门给糖，便于观察蜜蜂取食情况。禁用劣质、掺假或污染的饲料喂蜂。天冷季节下午喂，天热季节傍晚喂。

图3-17　喂糖饲水槽

**2. 喂越冬糖**　将贮备的糖脾调入蜂群，撤出多余空脾即可。若贮备的蜜脾不够蜂群越冬消耗，应于霜降之前在傍晚将糖浆灌装到饲喂器内，置于隔板或边脾外侧喂蜂，每次喂 1:0.7 的白砂糖浆 1 千克左右，连续给糖，2 天喂足。喂越冬饲料时，若蜂箱内干净、不漏液体，也可以将蜂箱前部垫高，傍晚把糖浆直接从巢门灌入箱内喂蜂。

## 二、喂粉

早春繁殖，在蜜源植物散粉前 20 天开始喂花粉脾，每脾贮存花粉 1/4 脾左右，到主要蜜源植物开花并有足够的新鲜花粉进箱时为止。

**1. 喂花粉脾**　将贮备的花粉脾喷上少量稀薄糖水，直接加到蜂巢内供蜜蜂取食。

**2. 做花粉脾**　把花粉团用水浸润，加入适量的糖粉，充分搅拌均匀，形成松散的细粉粒，用椭圆形的纸板（或木片）遮挡育虫房（巢脾中下部）后，把花粉装进空出的巢房内，一边装一边按压，装满填实，然后淋灌蜜汁，渗入粉团；再用与巢脾一样大小的塑料板或木板，遮盖做好的一面，用同样方法做另一面，最后放入蜂巢供蜜蜂取食。

**3. 喂花粉饼** 将花粉团湿润，加入适量蜜汁或糖浆，充分搅拌均匀，做成饼状或条状，置于蜂巢幼虫脾的框梁上，上盖一层塑料薄膜，吃完再喂，直到外界粉源够蜜蜂食用为止（图3-18）。

图3-18 喂花粉饼

消毒花粉：把5~6个继箱叠在一起，每2个继箱之间放纱盖，纱盖上铺放2厘米厚的蜂花粉，边角不放，以利透气，然后，把整个箱体封闭，在箱下燃烧硫黄，3~5克/箱，间隔数小时后再熏蒸1次。密闭24小时，晾24小时后即可使用。

给中蜂喂粉饼，应少量多次，每次以3天吃完为宜。

## 三、喂水

春季在箱内喂水，用脱脂棉连接水槽与巢脾上梁，并以小木棒支撑，让蜜蜂取食。每次喂水够3天饮用，间断2天再喂，水质要好。箱内喂水要么一直喂冷水，要么一直喂温开水，不能冷热交替。

# 第六节 中蜂的防盗

## 一、盗蜂与危害

**1. 盗蜂** 盗蜂是指蜜蜂进入别的蜂群或贮蜜场所采集蜂蜜的现象。盗蜂是食物竞争的表现，可在中蜂种群之间产生，也能在中蜂和意蜂之间爆发。

**2. 现象**　刚开始，盗蜂在被盗蜂群周围盘旋，瞅缝寻机进箱，降落在巢门的盗蜂不时起飞，躲避守门蜜蜂的攻击，一旦被对方咬住，双方即开始拼命（图3-19），如果攻入巢穴，就抢掠蜂蜜，之后匆忙爬出巢门，在被盗蜂群上空盘旋数圈后飞回原群。盗蜂归巢后将信息传递给其他工蜂，遂率众前往被盗群强行搬蜜。

图3-19　食物竞争引起蜜蜂的战斗

盗蜂要闯入蜂巢，守门蜜蜂（图3-20）依靠其嗅觉和气味辨识伙伴和敌人并加以抵挡。凡是被盗蜂群，蜂箱周围蜜蜂麇集，秩序混乱，

图3-20　守门蜜蜂张牙舞爪

互相抱团打斗，爬行的、乱飞的，并伴有尖锐叫声。

有些蜂群巢门前虽然不见工蜂搏斗，也不见守卫蜂，但是，蜜蜂突然增多，外界又无花蜜可采，这表明已被盗蜂征服。还有些盗蜂在巢门口会献出一滴蜂蜜给守门蜜蜂，然后混进蜂巢盗蜜，有的直接闯进箱内抢掠。

**3. 危害**　盗蜂的危害是导致两败俱伤、饿死。盗蜂一旦发生，轻者受害蜂群的生活秩序被打乱，蜜蜂变得凶暴；重者受害蜂群的蜂蜜被掠夺一空，工蜂大量伤亡，直至蜂王被围杀或举群弃巢飞逃；若各群互盗，全场则有覆灭的危险。另外，盗群和被盗群的工蜂都有早衰现象，给后来的繁殖等工作造成影响。

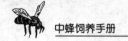

相距 2 千米以内的中蜂场和意蜂场，中蜂往往被意蜂消灭。

## 二、防止盗蜂的方法

**1. 食物充足**　选择蜜源丰富的场地放蜂，常年饲养强群，留足饲料。

**2. 早喂饲料**　秋季早喂越冬饲料，喂量以午夜之前"吃"完为宜。

**3. 谨慎开箱**　没有蜜源季节不能开箱，根据箱外观察判定蜂群状况。

**4. 拒养意蜂**　中华蜜蜂和意大利蜂一般不同场饲养，相邻两蜂场应相距 2.5 千米以上，同一蜂场蜂箱不宜摆放过长。

**5. 管好蜂巢**　非流蜜期，紧缩蜂巢，修补蜂箱，填堵缝隙，降低巢门高度至 6~7 毫米。

**6. 藏匿蜜蜡**　平时做到蜜不露缸、脾不露箱、蜂不露脾，取蜜作业在室内进行，结束后洗净摇蜜机。从无框转向活框饲养时，操作要准确快速，工作完毕须清理现场，喂蜂在傍晚进行。

**7. 网道防盗**　用纱网做一个宽约 7 厘米（以堵住巢门为准）、高约 2.5 厘米、长约 7 厘米两端开口的筒，与巢门口相连，使蜜蜂通过纱网通道出入蜂巢。

**8. 安装防盗蜂片**　根据中蜂和意蜂工蜂胸厚差异，在巢门安装中蜂能通过意蜂不能通过的巢门档（高度约 4 毫米），阻止意蜂盗蜂进巢。

**9. 遮挡巢门**　中蜂蜂场分散放置蜂群，如果在山区，蜂群位置适当隐蔽，巢门用瓦片适当遮挡。

**10. 石子防盗**　将石子堆放在被盗蜂群的巢门前，可干扰其视觉、恫吓盗蜂。

**11. 薄膜防盗**　初起盗蜂，立即降低被盗蜂群的巢门，并用清水冲洗，然后用白色透明塑料布搭住被盗蜂群的前后方，一直搭到距地面 2~3 厘米高处，对盗蜂进行恫吓、围困，待无盗蜂时，冲洗巢门，撤走塑料薄膜。采取措施一般需要 2~3 天。

**12. 搬迁平盗**　全场蜂群互相偷抢，一片混乱，应立即将蜂场迁到 3 千米以外的地方，分散安置，冲洗前箱壁，饲养月余再撤回。或者将蜂群箱挨箱、门对门排列，两排之间相距 20 厘米，箱与箱之间、箱底空隙均用草堵严，经过几天蜂群稳定后再采取正常的管理措施。

# 第七节　其他管理技术

## 一、处理工蜂产卵群

**1. 产卵问题**　工蜂也是雌蜂，中蜂蜂群在有丰富蜜源的季节失王，常会出现一边改造王台一边工蜂产卵的现象。

工蜂产卵初期 1 房 1 卵，有的还在王台中产卵，不久，在同一巢房内会出现数粒卵，东倒西歪（图 3-21），长成发育不良的雄蜂。由工蜂产生的雄蜂与正常蜂群中粗壮威武的雄蜂相比，显得又小又瘦。产卵工蜂身体细长，颜色黑亮，时时逃避正常工蜂的追赶。另外，工蜂产卵蜂群，蜜蜂惊慌、蜇人。

图 3-21　工蜂产的卵

**2. 处置措施**　发现蜂群无王时，及时诱入成熟王台或产卵蜂王。或者，如果工蜂产卵蜂群剩余蜜蜂不多，就将蜜蜂抖落地上，搬走蜂箱，任其进入他群；若余蜂较多，须分散合并，巢脾做化蜡处理。

## 二、合并弱群、无王群

**1. 概念与措施** 针对活框蜂箱饲养的中蜂。将无王群与有王群合成一群，或把 2 个及其以上的弱群合成 1 个独立的生活群体叫合并蜂群。

一个蜂群以其独有的气味与其他蜂群相区分，并拒绝外来者。因此，混淆蜂群气味，并在傍晚进行，是成功合并蜂群的关键。

在合并的前一天，检查被并蜂群，除去所有王台或品质差的蜂王。

图 3-22　报纸合并蜂群法

**2. 报纸合并法** 取 1 张报纸，用小钉打多个小孔，把有王群的箱盖、副盖取下，将报纸铺盖在巢箱上，上面叠加继箱，然后将无王群的巢脾放在继箱内，盖好蜂箱即可（图3-22）。一般10 小时左右，蜜蜂将报纸咬破，气味自然混合，2 天后撤去报纸，整理蜂巢。

## 三、调整中蜂逃亡群

**1. 中蜂逃跑原因** 群势弱小，环境突变（如连续阴雨、蜜源断绝、寒流侵袭），连续震动，季风吹拂，烈日暴晒，敌害入侵，盗蜂干扰，食物匮乏，过箱不当和野蛮取蜜等都是中蜂逃跑的因素。

**2. 防止逃跑措施** 合并弱群，饲养强群；提早换王，更新巢脾，蜂多于脾，食物充足；蜂箱置于冬暖夏凉的地方，避开风口，遮蔽烈日，保持安静，及时防治病虫敌害。

过箱蜂群，将隔王板置于巢箱（活底蜂箱）与箱底之间，阻隔蜂王。此外，过箱时期，外界蜜源丰富，过箱蜂群食物充足，子多蜂稠，巢脾绑缚规范、牢固，过箱翌日给予适量糖浆。通过箱外观察判断蜂群有无问题，如果蜜蜂出勤正常，采集花粉，清理死蜂、蜡渣，就表明过箱成功，3天后开箱管理；如果蜜蜂行为慌张，嘈杂之声不息，就表明过箱出现问题，待机开箱处理。

对于多次多群逃跑的蜂场，应当迁移场地。

**3. 处置逃跑蜂群** 对于逃跑后又返回或搜捕回来的逃跑群，按照新分群进行处置，给予巢础框、糖水，重建家园。群势弱小予以合并，对不利因素加以纠正。如果丢弃的蜂巢子脾还有利用价值，在还给蜂群前，应对巢脾进行修剪，仅留小部分子脾和蜜脾，与巢础框一同还给蜂群，蜂脾数量以蜜蜂完全包围脾、框为限。

# 第四章　中蜂周年饲养管理

　　中蜂的周年饲养管理，须遵循选用年轻优质蜂王、每年更新巢脾、尽量少开箱和少打扰蜂群、减少取蜜次数和始终保持蜂群食物充足的原则，防止雨淋和日光暴晒蜂群，饲养强群。

　　现代采用活框蜂箱饲养中蜂，便于管理和生产，不仅使蜂蜜产量和质量提高，而且便于进行专业饲养，转地采蜜及为农作物授粉。专业养殖场，要求蜂、人相伴，人不离场，时刻掌握蜂群动向，采取相应措施。

## 第一节　中蜂的繁殖管理

### 一、早春繁殖管理

　　早春繁殖管理的核心内容是繁殖健康的蜜蜂，恢复蜂群群势，增加蜜蜂数量，培养强群生产。

　　**1. 选场放蜂**　在房前屋后、山坡上等安静、干燥、背风和向阳的地方，都可以放置中蜂，但蜂场附近须有良好的水源，环境清洁卫生，蜜源连续，无化工厂、粉尘厂、意蜂场。建设看蜂用房，1个场地放置30群中蜂，蜜源好的地方可多放。

　　在蜜源单一的地方，可采取短途转地放养，以提高产量。

**2. 繁殖时间** 在豫西山区，一般在雨水前后对蜂群全面管理，促进繁殖，此时榆树和杨树已开花散粉。南方采荔枝花蜜的中蜂，应在 1 月中旬油菜开花时开始繁殖。贵州省中蜂春季繁殖，海拔 1 000 米以下的地区在 1 月中旬开始，海拔 1 000 米以上的地区在 2 月上旬开始。

**3. 清污促飞** 依据繁殖时间，选择中午气温在 10 ℃以上的晴暖无风天气，上午 10 时至下午 2 时打开蜂箱，清除箱底垃圾，同时给蜂群喂 1∶1 的糖水 100 克，促使蜜蜂出巢排泄。

**4. 调整蜂巢** 与清污促飞相结合，如果使用活框蜂箱饲养，在蜜蜂排泄飞翔后，及时抽出多余的巢脾，保留 2～3 张脾，割除中下部巢房，保留中上部蜜房和粉房，蜂路 8～10 毫米，使蜜蜂聚集成团；如果是无框窑洞（含方木箱）或木桶饲养，与收割蜜脾相结合，选择时日，割去一边或下部的巢脾，使蜂多于脾，待新脾造出后，再伺机割除另一边或上部巢脾。

**5. 奖励蜂群** 包括喂糖和喂粉，天气不好还须喂水，促进蜂王产卵和工蜂哺育幼虫。

（1）喂糖：如果饲料充足，就喂 1∶1 的糖水（温度 35 ℃左右），将糖水置于有浮木的盒中，在傍晚放入箱中靠近蜂团的地方即可，多少以够吃不产生蜜压卵圈为宜。如果缺食，先补足糖饲料，使每张巢脾上有 0.5 千克糖蜜，再进行补偿性奖励饲养，以够当天消耗为准。补助喂糖时间宜在调整蜂群后，给缺蜜蜂群调入糖脾。

短期寒流时多喂浓糖浆或加糖脾，以防弃虫和子圈缩小，同时注意喂水（方法与喂糖浆相似）；长期寒流不喂蜂，控制繁殖。

（2）喂粉：从繁殖开始，到有足够的新鲜花粉进箱时为止。活框饲养的中蜂，采用花粉脾或将花粉揉搓进巢脾中喂蜂，每脾有花粉 250 克左右，也可把花粉做成饼喂蜂。无框窑洞饲养或桶养的中蜂，可将花粉加少量水粉碎成末，置于反转的箱盖中让蜜蜂自由采集。

喂粉须连续，每次喂粉 3 天内吃完，然后补充，长期低温防缺食。所喂花粉应做消毒处理，按比例加入吗啉胍或喷雾灵等预防疾病。

**6. 保温处置** 蜂群繁殖需要 34~35 ℃的温度，在通过调整后蜂群还无力维持这个温度时，可将干草垫底和填充蜂箱左右及后壁，并用覆布和草帘覆盖蜂巢上部（要留小孔通气）。

**7. 更新蜂王** 利用人工台基在蜂群中培育优质蜂王，一般在当地春季最后一个主要蜜源结束前 30 天培育蜂王。如河南省在 4 月上中旬养王，当 4 月底至 5 月上旬换王或分蜂；贵州省在 3 月下旬养王。每框蜂可养王 2~3 个，1 个育王群 1 次可养 10~20 只蜂王。

**8. 造脾防病** 当新蜂出房、群势发展时，及时加础造脾，扩大蜂巢，选用新脾更换老脾，或将老脾割除。保持蜂群蜂多于脾，预防春夏繁殖期中蜂囊状幼虫病和欧洲幼虫腐臭病；注意卫生，清除巢内害虫。

**9. 寒潮低温管理** 早春蜂群繁殖，遭遇寒流侵袭，时长时短，造成外界气温寒冷异常。短期低温（7 天以内）喂浓糖浆，少开箱、不扩巢，副盖上加盖草帘。长期低温（7 天以上）不喂糖，对无糖蜂群加蜜脾维持生命，同时折叠覆布，加大通风面积，降低蜂巢温度，减少蜜蜂活动。

**10. 长期阴雨天气管理** 长期阴雨天气，需要使用防水材料遮盖蜂群，保持蜜蜂密集、蜂巢干燥，用蜜脾置换缺乏饲料蜂群的空脾；天气转晴，防止蜂群分蜂或逃亡。

## 二、秋季繁殖管理

秋季繁殖管理的核心内容是，北方蜂群培养健康、适龄越冬蜜蜂，贮备越冬食物；南方蜂群繁殖采集蜜蜂、兼顾培养越冬蜜蜂。

在长江以北地区，秋季须繁殖好适龄越冬蜂，喂足越冬饲料。在长江以南地区，秋季既要繁殖桂花、鹅掌柴、野坝子和枇杷等蜜源的采集蜂，还要利用冬季蜜源培育越冬蜂。

## （一）长江以南的秋季繁殖管理

可参照早春繁殖进行，繁殖时间以秋季主要蜜源流蜜开始，根据群势提前 35～75 天。譬如，在贵州省 5 框足蜂（约 15 000 只蜜蜂）以上蜂群 40 天、4 框足蜂（约 12 000 只蜜蜂）蜂群 50 天、3 框足蜂（约 9 000 只蜜蜂）蜂群 60 天、2 框足蜂（约 6 000 只蜜蜂）蜂群 70 天，使蜂群在主要蜜源泌蜜时达到 7 框足蜂。对于一个蜂场同时起步秋季繁殖，在主要蜜源泌蜜 20 天前，将大群工蜂正在出房子脾与小群幼虫子脾对调，达到共同发展，增加生产蜂群数量。

## （二）长江以北的秋季繁殖管理

**1. 贮备饲料密集群势**　芝麻、荞麦、野荆芥和野菊花等主要秋季蜜源花中后期停止蜂蜜生产，抽出粉蜜脾保存或置于继箱，用于翌年春季繁殖。保持蜂多于脾，贮备越冬饲料。

在河南省山区以 9 月中下旬繁殖越冬蜂为宜，历时 20 天左右。

**2. 奖励饲喂**　每天傍晚用糖浆喂蜂，糖水比例为 1∶1，历时 25 天左右（越冬子脾全部封盖），并给蜜蜂喂水。糖浆中可加入青霉素等药物或食醋等预防疾病。与前期贮备的饲料相结合，奖励结束时，越冬饲料也一并喂好，越冬饲料要求 1 脾蜂 1 脾封盖蜜。

**3. 保温防盗**　盖好覆布、注意保温，防止盗蜂。使用低巢门，防止秋季胡蜂的危害；采取圆巢门，阻隔意蜂的侵入。

**4. 关王断子**　在 9 月底至 10 月初，把蜂王用竹丝王笼关闭。方法是：打开笼门，罩住蜂王，待蜂王进笼后关闭笼门，吊于蜂巢中部，关王断子，同时淘汰老、劣蜂王。

**5. 放王越冬** 11月下旬放出蜂王，蜂群越冬。

## 三、中蜂分蜂管理

### （一）自然分蜂的概念

4月下旬至5月上旬，当中蜂群势发展到4~5框子脾后，常会发生分蜂。由老蜂王带领蜂群约一半的工蜂，迁往他处居住，原蜂群中的新王经过羽化、交配和产卵，分别开始新的生活。另外，不同地区，中蜂发生分蜂时间并不一致，只要有大蜜源，蜂群强壮，就会发生分蜂。

虽然自然分蜂是蜂群繁殖的规律，也是种族繁衍生存的需要，但是，蜂群一旦产生分蜂趋势（热）后，蜂王产卵量就显著下降，甚至停产；工蜂怠工，影响产量。因此，养蜂场一般通过有计划的人工分蜂，来达到扩大经营规模，并采取措施控制自然分蜂。

无框饲养的中蜂，须根据当地发生自然分蜂的时间，结合检查蜂巢下部有无王台，预测分蜂，及时搜捕，另置饲养。

### （二）人工分蜂的方法

分蜂之前要培育蜂王，在移蜂第8~9天提交配群，蜂王交配产卵7天左右介绍给分蜂群。

**1. 平分法** 先将原群蜜蜂的蜂箱从原位置向后移出1米，取2个形状和颜色一样的蜂箱，放置在原群巢门的左右，两箱之间留0.3米的空隙，高低和巢门方向与原群相同，然后把原群内的蜂、卵、虫、蛹和蜜粉脾分为相同的2份，分别放入两箱中，一群用原来的蜂王，另一群在24小时后诱入产卵蜂王。分蜂后，外勤蜂飞回找不到蜂巢时，会分别投入两箱内。如果蜜蜂有偏集现象，可将蜂多的一群从原箱位置移远点，或将蜂少的一群向原箱位置靠近一些。

**2. 偏分法** 从强群中抽出带蜂和子的巢脾 2 张组成小群，如果不带王，则带自然封盖王台或介绍 1 个成熟王台，成为 1 个交配群。如果新分蜂群带老王，则给原群介绍 1 只产卵新王或保留或介绍 1 个成熟王台。分出群与原群组成主、副群饲养，通过子、蜂的调整，进行群势的转换，以达到预防自然分蜂和提高产量的目的。

新分蜂群须保持蜂脾相称或蜂多于脾，饲料充足，防止烈日暴晒。随着群势的发展，要适时加巢础造脾，还要时刻预防盗蜂和防止蜜蜂逃跑。

**（三）控制分蜂的措施**

**1. 选用良种，更换老王** 选择能维持强群的蜂群作为种群，在蜂群发展壮大后，适时进行人工育王，在主要蜜源花期到来前换上新王产卵。

**2. 主副搭配，平衡群势** 在非生产季节，抽调大群的封盖子脾补助弱群，弱群的小子脾调给强群，这样可使全场蜂群同步发展壮大。

**3. 积极生产，扩巢遮阳** 及时取出成熟蜂蜜，进行造脾，加重工蜂的工作负担，可有效地抑制分蜂，同时又增加养蜂的收益，但每次取蜜应给蜂群留下 1~2 脾蜜。向上或由下加继箱，扩大蜂巢，修筑新脾，是抑制自然分蜂的好办法。天气炎热时要采取遮阳、通风和给水降温等措施。

# 第二节 中蜂的断子管理

## 一、南方中蜂过夏

在我国南方，6~8 月，野外蜜源缺乏，持续高温，蜂王停止产卵，同时，胡蜂危害猖獗，蜂群进入度夏期。其工作任务是减少消耗，保存实力。

**1. 越夏前准备**　蜂群越夏前更新蜂王，每脾蜂保留 1 框封盖蜜脾。合并弱群，把各群调整至 4~5 框蜂，同时清除箱内和巢脾上的巢虫，撤出或割除劣质巢脾，留下蜜蜂活动空间。

过夏前，结合换王、造脾工作，培育一代未参加采集或进行少量哺育的适龄蜜蜂。

**2. 越夏期管理**　在越夏期较短的地区，可关王断子，把蜂群搬到大树或屋檐下，或搭凉棚遮阳，场地空气流通，水源充足；勤喂水，中午高温时，在蜂箱周围洒水降温，适当加宽巢门。

在越夏期较长的地区，应密集群势，适当繁殖，保持巢内有 1~2 张子脾、2 张蜜脾和 1 张花粉脾。饲料不足须补充，每天喂糖浆 50~100 克。

具有立体气候的山区，可以把蜂群搬到高山越夏，或把蜂群转移到蜜源（如乌桕、山乌桕、窿缘桉）丰富的地方，避开炎热、无花的夏季。管理以繁殖为主，留足食物，兼顾生产。繁殖区不宜放过多的巢脾，蜜蜂要稠密，积极造脾。

越夏期间，巢门高度以 7 毫米为宜，宽度按每 3 000 只蜂 15 毫米累计，避免烟熏和震动，减少开箱检查，谨防盗蜂发生。垫高蜂箱，前低后高成 15°~30° 斜面。捕杀胡蜂，捕捉青蛙和蟾蜍，消灭蚂蚁。定期清除箱底杂物，预防滋生巢虫。避免农药中毒和水淹蜂箱。

**3. 越夏后繁殖**　8~9 月，在野外出现零星蜜粉源，蜂王开始产卵，这一时间的管理可参照繁殖期管理办法，做好清除巢虫，合并弱小蜂群、抽脾缩巢、恢复蜂路、喂糖补粉、防止逃跑等工作，为冬蜜生产做准备。

10 月可再养一批蜂王。

## 二、北方中蜂越冬

蜜蜂属于半冬眠昆虫。在冬季，蜜蜂停止巢外活动和巢内产卵育虫工作，结成蜂团，处于半蛰居状态，以适应漫长的寒冷环境。我国北方蜂群的越冬时间长达 5~6 个月，而南方仅在 1 月有短暂的越冬期。

其工作任务是备足优质的饲料，选好安静的场所，减少活动保安全。

### （一）越冬准备

**1. 补充越冬饲料**　在越冬之前，添加饲料箱或调配蜜脾，不够越冬消耗和翌年春天食用的，要求在繁殖越冬蜂时喂足。根据南北越冬时间长短差异，1 脾蜂（3 000 只左右）需要糖饲料1~2 千克。

**2. 选择越冬场地**　中蜂的越冬场所有两种：一是室外，二是室内（越冬房舍、蜂窖或窑洞），前者适合全国大部分地区，后者多被东北地区采用。

室外越冬场地要求向阳、干燥和卫生，在一天之内要有足够的阳光照射蜂箱，场所要僻静，周围无震动、声响（如不停的机器轰鸣）。

室内越冬场所要求空气清洁新鲜，温、湿度稳定，黑暗、安静。若是房屋，隔热性能要好。

**3. 布置越冬蜂巢**

（1）巢脾：活框蜂巢，越冬用的巢脾要求是黄褐色、储存有 100 克以上蜂粮的巢脾，在贮备越冬饲料时进行遴选。

（2）群势：越冬蜂群势，北方应达到 10 000 只以上（中蜂标准巢框 3 框以上足蜂），在繁殖越冬蜂时应有计划地完成，如果群势弱应当合并。

（3）蜂脾关系：活框饲养的蜂群，采取抽脾的方法调整，较弱的蜂群，要使蜂略多于脾，较强群蜂与脾相称；无框饲养的蜂群，采取割脾的方法，调整蜂脾关系。

（4）削脾：蜂巢边缘放置大蜜脾，中央两张巢脾（视群势大小定数量）削去距左右侧条1/4、距上梁2/3范围内的巢脾，或取出中间巢脾，在原来位置放一空巢柜，以利蜜蜂冬季结团和流动。对于无框蜂，直接割除中央巢脾无蜜部分，以利蜜蜂交流。

（5）通气：越冬蜂巢布置好后，在蜂巢的上部蜜蜂集中处设通气孔，通气孔的大小与群势相适应。例如，活框箱养的可折叠覆布一角，桶养或窑养的可用中空的秸秆插入蜂巢与外界连通（类似烟囱）。

（6）空间：根据群势大小和活框蜂箱容积，蜂巢要保持一定空间，为蜂团提供伸缩余地。一般群势单箱体越冬，中间放半蜜脾，两侧放大蜜脾，脾间蜂路设置为10毫米左右；强群双箱体越冬，上、下箱体放置相等的脾数，蜂脾相对，上箱体放整蜜脾，下箱体放半蜜脾。

**（二）越冬管理**

（1）中蜂越冬，应做好巢门遮阳工作，防止工蜂空飞。可用秸秆等覆盖蜂桶或蜂箱。

（2）活框饲养的中蜂，还可采取如下管理措施。

1）蜂群室外越冬方法：

①长江以北及黄河流域，冬季气温高于-20℃的地方，可用干草、秸秆把蜂箱的两侧、后面和箱底包围、垫实，副盖上盖草帘，箱内空间大应缩小巢门，箱内空间小则放大巢门。如果冬季气温在-10℃以上的地区，蜂群强壮，可不进行保温处置。

②高寒地区，冬季气温低于-20℃，蜂箱上下、前后和左右都要用草包围覆盖，巢门用"∩"形桥孔与外界相连，并在御寒物左右和后面砌成"∩"形围墙。

③高寒地区，开沟放蜂对蜂群保暖处置。在土质干燥地区，按 20 群一组挖东西方向的地沟，沟宽约 80 厘米、深约 50 厘米、长约 10 米，沟底铺一层塑料布，其上放草 10 厘米厚，把蜂箱紧靠挨近北墙置草上，用木棍横在地沟上，上覆草帘遮蔽。通过掀、放草帘，调节地沟的温度和湿度，使其保持在 0 ℃左右，并维持沟内的黑暗环境。

2）蜂群室内越冬方法和技术要点：在东北、西北等严寒地区，把蜂群放在室内越冬比较安全，可人工调节环境条件，管理方便，节省饲料。

蜂群在水面结冰、阴处冰不融化时进入室内，在早春外界中午气温达到 8 ℃以上时即可出室。蜂箱在越冬室距墙 20 厘米摆放，搁在 40~50 厘米高的支架上，叠放继箱群 2 层、平箱 3 层，强群在下，弱群在上，成行排列，排与排之间留 80 厘米通道，巢口朝向通道，便于管理。

越冬室内应控制温度在 -2~4 ℃，相对湿度 75%~85%。入室初期，白天关闭门窗，夜晚敞开门窗，以便室温趋于稳定，接近或达到要求。室内过干可洒水增湿，过湿则增加通风排出湿气，或在地面上撒草木灰吸湿，使室内湿度达到要求。蜂群进入越冬室后还要保持室内黑暗和安静。

（3）蜂群越冬需要安静的场所。蜂群越冬期间，不开箱、不检查、不震动、不搬走、不刺激蜂群，使蜂群处于相对封闭环境。

（4）蜂群越冬出现问题与处置，见表 4-1。

表 4-1 蜂群越冬出现问题与处置

| 问题 | 原因 | 判断 | 预防与处置 |
|---|---|---|---|
| 鼠害 | — | 有腹无头死蜂 | 巢门高度缩小至 7 毫米，使鼠不能进入；养猫狩猎、人工捕捉、药饵毒杀 |

| 问题 | 原因 | 判断 | 预防与处置 |
|------|------|------|------------|
| 火灾 | 蜂具、保温物品易燃，小孩冬季玩火 | — | 越冬场所远离人多的地方；人不离蜂 |
| 闷热、散团 | 温度高 | 蜂飞、散团 | 保持越冬室内温度 0 ℃左右，室外越冬蜂群的御寒物只包外箱壁，保持巢门和上通气孔畅通。定期用"V"形钩钩出蜂尸等杂物，清理积雪 |
| 饥饿 | 无糖饲料 | 蜂箱很轻 | 补充蜜脾，先预热 12 小时，后割蜜盖小部分，再喷少量温水，最后靠蜂团放置，抽出空脾 |
| 散团、蜂飞 | 震动、蜜源、光线刺激 | 蜜蜂活动 | 蜂群远离机械厂、面粉厂、公路，避开零星蜜源，巢门遮光，采取降温措施 |

### （三）冬后管理

每年早春，蜂群进入越冬后期，及时检查蜂群，补喂饲料，促蜂排泄，合并小蜂群、无王群，抽出多余巢脾，处理问题蜂群，为早春繁殖做准备。

# 第三节　中蜂生产期管理

蜂群经过一段时间的繁殖，由弱群变成生机勃勃的强群，外界温度适宜，蜜源丰富，蜂群的管理任务由繁殖转向生产，同时蜂群也具备了群体繁殖——自然分蜂的基本条件。养蜂生产的好坏取决于蜂群、蜜源和天气，蜜源可以选择，蜂群更是人能控制的，养好蜂，用好蜂，维持强群，保持蜜蜂的工作积极性，是中蜂生产期管理的目标。

## 一、蜂蜜生产期蜂群管理

生产蜂蜜要求蜂群有新蜂王、强群、健康。基于活框饲养的中蜂，管理措施如下。

### （一）培育适龄蜜蜂

在采集活动季节，工蜂的寿命约 35 天，并按日龄分工协作，14~21 日龄的工蜂多从事花粉、花蜜的采集，在 21~28 日龄时采集力达到高峰。所以，在采集某个特定蜜源时，应在该蜜源开花前 45 天到流蜜结束前 30 天，有计划地密集群势，奖励饲喂，培育适龄采集蜂。

在额定时间内为预定蜜源培育足够量的适龄采集蜂，蜂群要有一定的群势基础，如果群势弱，繁殖时间还要提前，如早春 1 个拥有 5 000 只蜜蜂的中蜂群，繁殖 20 000 只采集蜂，则需要约 65 天的时间。

适龄采集蜂的培育参照春季繁殖进行，如有计划地换蜂王、奖励饲喂等。此外，还要兼顾采蜜结束后的繁殖与生产。

### （二）组织强群采蜜

活框饲养的中蜂，采取以下措施，促进蜂蜜生产。

**1. 组织采集群** 于植物开花前 1 周，全面检查，对有 20 000 只以上蜜蜂的蜂群，根据蜂箱大小，适时加上继箱，在巢、继箱之间加上隔王板，上面贮蜜，下面繁殖，巢脾上下相对。如果植物泌蜜多、花期长，或者缺少花粉，上面脾多于下面脾，蜂、脾相称，注重采蜜；如果泌蜜少或一般，上面脾少于下面脾，蜂、脾相称，注重繁殖。如果植物花期较短，大泌蜜前又断子的蜂群，巢、继箱之间可不加隔王板。

**2. 培育采集群** 距离开花泌蜜前 20 天左右，将副群或大群的封盖子脾调到等待加强的生产蜂群；距离开花泌蜜前 10 天左右，给生产蜂群补充新蜂正在羽化的子脾。调子脾应达到增加生产群数、抑制大群分蜂热、被调出封盖子的小群还有繁殖能力的目的。

**3. 补充采集群**  对于弱小蜂群，可采取集中飞翔蜂（主、副群饲养）的补救措施，使其成为1个较强的采集群。落场时，将蜂群分组摆放，主、副群搭配（定地蜂场在繁殖时即做这项工作），以具备新蜂王的较大群作主群，较小群作副群，主要蜜源开花泌蜜后，搬走副群，使外勤蜂投奔到主群，根据群势扩巢。

**（三）蜂群管理措施**

**1. 繁殖与采蜜**  植物流蜜期间，充分利用强群取蜜、弱群繁殖，新王群取蜜、老王群繁殖，单王群生产、双王群繁殖，繁殖群正出房子脾调给生产蜂群维持群势，适当控制生产蜂群卵数量，以此解决生产与繁殖的矛盾。同时，采取措施预防分蜂热，保证蜜蜂处于积极的工作状态。花期结束，生产群封盖子脾调到繁殖群，繁殖群卵子脾调入生产群，平衡群势，共同发展。

蜜源泌蜜好，以生产为主，兼顾繁殖。如遇花期干旱或长期阴雨等造成蜜源泌蜜差，则以繁殖为主，蜂数、饲料要足。

**2. 场地的选择**  小转地蜂场采蜜群宜放在树荫下，但遮阳不宜太过，蜂路要开阔。中午避免巢门被阳光直射，夏天巢门方向可朝北。水源水质要好，防水淹和山洪冲击。

对不施农药的蜜源可选在蜜源的中心地带，季风的下风向，如荆条、椴树、芝麻、荔枝等；对缺粉的主要蜜源花期，场地周围应有辅助粉源植物开花，如枣花场地附近有瓜花。

**3. 贮蜜与生产**  中蜂生产，采取叠加继箱贮藏蜂蜜的方法减少取蜜次数，每次取蜜，都需要给蜂群留1~2张封盖蜜脾，植物泌蜜不好或开花后期还需多留。

（1）叠加继箱：当第一浅继箱框梁上有巢白时，即可加第二浅继箱，第二浅继箱加在第一浅继箱和巢箱之间，待第二浅继箱的蜂蜜装至六成、第一浅继箱有一半以上蜜房封盖时，可继续加第三浅继箱于第二浅继箱和巢箱之间，第一浅继箱取下摇蜜。

如果使用的是深继箱，即巢箱与继箱中的巢脾通用，且容积足够大，在继箱中的巢脾贮藏蜂蜜超过八成、有50%蜜房封盖时，即可进行蜂蜜生产。

（2）生产蜂蜜：活框养中蜂，植物泌蜜前期抽出糖脾作饲料贮存，泌蜜盛期加继箱贮藏蜂蜜，或及时取出成熟蜂蜜。泌蜜后期取回贮存蜂蜜的继箱摇蜜，并保留适当蜜脾作饲料。

利用摇蜜机将蜂蜜从巢房中甩出来，或生产巢蜜；无框养中蜂，多采取挤压、加热等方法使蜂蜜流出来，生产操作见本章第四节"中蜂产品的生产"。

生产期间，不向继箱调子脾，开大巢门，加宽蜂路，掀开覆布，加快蜂蜜成熟。供给蜂群饮水。

（3）留足饲料：蜜蜂的饲料以留为主，饲喂为辅。如果在蜜源开花即将结束时，蜂群饲料不足，就连续多喂，迅速补充。

### （四）后期蜜蜂繁殖

植物开花结束，或因气候等原因泌蜜突然中止，应及时调整群势，抽出空脾，使蜂略多于脾。缩小巢门，将贮备的蜜脾调进缺蜜蜂群，根据下一个蜜源的具体情况进行繁殖。在干旱地区繁殖蜂群时要缩小繁殖区。

## 二、南方秋、冬季生产管理

在我国长江以南各省和自治区，冬季温暖并有蜜源植物开花，是生产冬蜜的时期，仅在1月蜂群才有短暂的越冬时间。

### （一）南方冬季蜜源

在我国南方冬季开花的植物有茶树、枧、野坝子、枇杷、鹅掌柴（鸭脚木）等，这些蜜源有些可生产较多的商品蜜，有些可促进蜂群的繁殖。

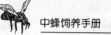

## （二）蜂群管理措施

南方冬季蜜源花期，气温较低，尤其在流蜜后期，昼夜温差大，时有寒流，有时还阴雨连绵，因此，冬蜜期管理应做好以下工作。

**1. 选择好场地**　在背风向阳、干燥的地方摆放蜂箱，避开风口。蜂箱前低后高，巢门设在蜂巢无脾的一侧。

**2. 生产兼繁殖**　冬蜜期要淘汰老劣蜂王，合并弱群，适当密集群势，采取强群生产、强群繁殖，生产与繁殖并重。流蜜前期，选晴天中午取成熟蜜。流蜜中后期，抽取蜜脾，保证蜂群饲料充足和备足越冬、春季繁殖所需饲料。

视天气情况对蜂群适当保暖。蜂巢上方覆盖草苫（保留通气孔），蜂巢底部用干草衬垫，蜂箱两侧搭上草苫。

取蜜时不宜移动繁殖巢脾，天气好泌蜜多可多取蜜，天气差泌蜜少不取蜜。

**3. 做越冬准备**　对弱群进行保温处置，在恶劣天气里要适当喂糖、喂粉，促进繁殖，壮大群势，积极防治病、虫和毒害，为越冬做准备。繁殖结束，撤除保温物品，扩大蜂路，迫使蜂群结团，停止育蜂活动。

## 三、分蜂热的预防与解除

当中蜂群势发展到4~5框子脾后，蜜源丰富时常会发生分蜂。蜂群一旦产生分蜂趋势（热）后，蜂王产卵量显著下降，甚至停产，工蜂怠工。我国中蜂发生自然分蜂多在4月下旬至5月上旬，正值生产季节，这样给繁殖和生产都会带来一定的影响。

### （一）预防分蜂热

**1. 更新蜂王**　根据各地中蜂发生自然分蜂时间，提前育王，在分蜂初期更换老王。平常保持蜂场有3~5个养王群，及时更换劣质蜂王。在炎热地区，采取1年每群蜂换2次蜂王的措施，

---

有助于维持强群，提高产量。

**2. 控制群势** 在蜂群发展阶段，群势大不利于发挥工蜂的哺育力，而且容易分蜂，所以，应抽调大群的封盖子脾补助弱群，弱群的小子脾调给强群，这样可使全场蜂群同步发展壮大。强、弱蜂群调换大、小子脾，应以不影响蜂群在主要蜜源期生产为原则。

**3. 积极生产** 及时加继箱贮藏蜂蜜和造脾，加重工蜂的工作负担，可有效地抑制分蜂。

**4. 扩巢遮阳** 随着蜂群扩大，要适时加巢框、上继箱和扩大巢门，将蜂群置于通风的树荫下降温，给水。

### （二）解除分蜂热

蜂群已发生分蜂趋势，应根据蜂群、蜜源等进行处理，使其恢复正常工作秩序。如及时更换蜂王、人工分蜂等。采取人工分蜂时，应当将原蜂王带 2 张脾（1 脾为封盖子脾，1 脾为蜜脾）、3 脾蜂另置一箱，清除王台，成一新蜂群；原蜂群保留 1 个粗壮、规则的自然王台，等待新蜂王出台产卵。

## 第四节 中蜂产品的生产

### 一、分离蜂蜜

#### （一）取蜜原则

饲养中蜂，以生产蜂蜜为主，采用近方形蜂箱、多箱体贮藏蜂蜜，一次取蜜、取成熟蜜。如果不能多加继箱贮藏蜂蜜，则应每年有计划地取蜜 2~4 次，每次取蜜需要给蜂群留足饲料。

当有油菜、枣树、荆条、荔枝、乌桕、八叶五加、柑橘、枇杷、野坝子、枪、山葡萄、五味子、君迁子、苦参和漆树等大宗蜜源植物开花泌蜜，即可进行蜂蜜生产。

采蜜群有 20 000 只以上蜜蜂，以新王为宜；春夏控制分蜂热，秋末采蜜注意蜂群保暖；阴雨天多时，及时控制分蜂。蜜源不集中、延续时间长，南方应多次在室内取蜜，北方应集中取蜜。

**（二）分离蜂蜜**

分离蜂蜜是利用分蜜机的离心力，把贮存在巢房里的蜂蜜甩出来，并用容器承接收集，最后过滤、贮藏。

**1. 生产准备**　在生产蜂蜜的当天早上，清扫蜂场并洒水，保持生产场所及周围环境的清洁卫生。用清水冲洗生产工具和盛蜜容器等与蜂蜜接触的一切器具，晒干备用，必要时使用75%的酒精消毒。生产人员穿工作服、戴帽、口罩，注意个人卫生以及必要的防护着装。

**2. 操作规程**　包括脱落蜜蜂、切割蜜盖、分离蜂蜜、归还巢脾4个步骤。

（1）脱落蜜蜂：人站在蜂箱一侧，打开大盖，推开贮蜜继箱的隔板，腾出空间，两手紧握框耳，依次提出巢脾，对准继箱内空处、蜂巢正上方，依靠手腕的力量，上下迅速抖动2~3下，使蜜蜂落下，再用蜂刷扫落巢脾上剩余的蜜蜂。

（2）切割蜜盖：左手握着蜜脾的一个框耳，另一个框耳置于割蜜盖架上（井字形木架）或其他支撑点上，右手持刀紧贴上梁侧面从下向上顺势徐徐拉动，割去一面房盖，翻转蜜脾再割另一面，割完后送入分蜜机里进行分离。

（3）分离蜂蜜：将割除蜜房盖的蜜脾置于分蜜机的框笼里，转动摇把，由慢到快，再由快到慢，逐渐停转，甩净一面后换面或交叉换脾，再甩净另一面。

（4）归还巢脾：取完蜂蜜的巢脾，清除蜡瘤、削平巢房口后，立即返还蜂群。

**（三）贮存蜂蜜**

分离出的蜂蜜，及时撇除上浮的泡沫和杂质，并用80目或100目无毒滤网过滤，再装入专用包装桶内，每桶盛装75千克或 100 千克，贴上标签，注明蜜源、蜂蜜的浓度、生产日期、生产者、生产地点和生产蜂场等，最后封紧桶口，贮存于通风、干燥和清洁的仓库中。

## 二、生产巢蜜

蜜蜂把花蜜酿造成熟贮满蜜房、泌蜡封盖，直接作为商品被人食用的叫巢蜜。

### （一）工艺流程

巢蜜的生产工艺流程如图 4-1 所示。

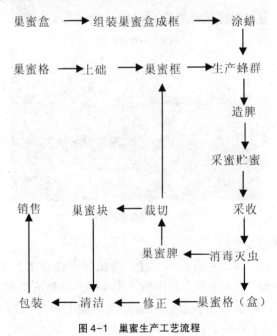

图 4-1　巢蜜生产工艺流程

### （二）操作技术

**1. 组装巢蜜框**　巢蜜框架大小与巢蜜盒（格）配套，四角有钉子，高5~6毫米。先将巢蜜框架平置在桌上，把巢蜜盒每两个盒底上下反向摆在巢框内，再用24号铁丝沿巢蜜盒间缝隙竖捆两道，等待涂蜡（图4-2）。或者把巢蜜盒（或格）组合在巢蜜框架内，置于T形或L形托架上即可（图4-3）。

图4-2　组盒成框

图4-3　巢蜜盒及框架

### 2. 镶础或涂蜡

（1）盒底涂蜡：首先将纯净的蜂蜡加少许开水并加热熔化，然后把表面附着一层绒布的础板（图4-4）在蜡液里蘸一下，再对准巢蜜盒内按一下，整框巢蜜盒就被涂上蜂蜡。为了生产需要，涂蜡尽量薄而少。

（2）格内镶础：先把巢蜜格套在格子础板上，再把切好的巢础置于巢蜜格中，用熔化的蜡液沿巢蜜格巢础座线将巢础粘固，或用础轮沿巢础边缘与巢蜜格巢础座线滚动，使巢础与座线黏合。

现在组合式巢蜜格，直接将巢础镶嵌进去，即完成镶础工作。

**3. 修筑巢蜜房** 利用生产前期蜜源修筑巢蜜脾，3~4天即可造好巢蜜房（图4-5）。根据蜜蜂多少，在巢箱上加巢蜜继箱，中间加隔王板，继箱放3~4个巢蜜框架，与封盖子脾相间放置，巢箱里放等量巢脾。

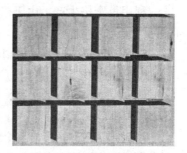

图4-4 巢蜜础板

**4. 组织生产群** 单王生产群，在主要蜜源植物泌蜜开始的第二天调整蜂群，把继箱卸下，巢箱脾数压缩到5~6框，提出蜜粉脾（视具体情况调到副群或分离蜜生产群中），巢箱内子脾按正常管理排列。巢箱调整完毕，在其上加平面隔王板，隔王板上面放巢蜜箱（图4-6），巢蜜框架与小隔板间隔放置，以预先设定的钉头高度为蜂路大小，挤紧放正。

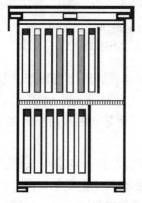

图4-5 修筑巢蜜脾的蜂巢

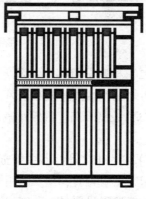

图4-6 巢蜜生产群的蜂巢

利用巢蜜格生产，由于格的四角有角柱，故框的四角就省略了钉子作为蜂路标尺的程序。

**5. 管理生产群** 使用浅继箱生产巢蜜。

（1）叠加继箱：组织生产蜂群时加第一个继箱，箱内加入巢蜜框后，应达到蜂略多于脾，待第一个继箱贮蜜 60% 时，蜜源仍处于流蜜盛期，及时在第一个继箱上加第二个继箱，同时把第一个继箱前、后调头，当第一个继箱的巢蜜房已封盖 80% 时，将第一个巢蜜继箱与第二个调头后的继箱互换位置（图 4-7）。若蜜源丰富，第二个继箱贮蜜已达 70%，第一个继箱的巢蜜房完全封盖时及时撤下，加第三个继箱于第二个继箱上面，循环添加继箱生产。

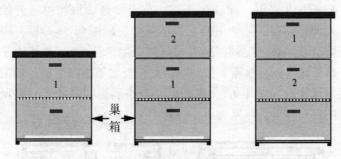

**图 4-7 巢蜜继箱叠加顺序**
1. 第一个继箱　2. 第二个继箱

（2）控制分蜂：生产巢蜜的蜂群须应用优良新王，及时更换老劣蜂王；加强遮阳和通风。

（3）控制蜂路：继箱小隔板与巢蜜脾间的蜂路控制在 6 毫米为宜。

（4）促进封盖：当主要蜜源即将结束，蜜房尚未贮满蜂蜜或尚未完全封盖时，须及时用同一品种的蜂蜜强化饲喂。没有贮满蜜的蜂群喂量要足，若蜜房已贮满等待封盖，可在每天晚上酌情饲喂。饲喂期间揭开覆布，以加强通风，排出湿气。

（5）预防盗蜂：为被盗蜂群做一个长宽各 1 米、高 2 米，四周用尼龙纱围着的活动纱房，罩住被盗蜂群。被盗情况不严重时，只罩蜂箱不罩巢门；被盗严重时，蜂箱、巢门一起罩上，开天窗让蜜蜂进出，待盗蜂离去、蜂群稳定后再搬走纱房。而利用透明无色塑料布罩住被盗蜂群，亦可达到撞击、恐吓直至制止盗蜂的目的。

### 6. 采收与包装

（1）采收：巢蜜盒（格）贮满蜂蜜并全部封盖后，把巢蜜继箱从蜂箱上卸下来（图 4-8），放在其他空箱（或支撑架）上，用吹风机吹出蜜蜂。

图 4-8 卸下巢蜜继箱

（2）灭虫：用含量为 56% 的磷化铝片剂对巢蜜熏蒸，在相叠密闭的继箱内按 20 张巢蜜脾放 1 片药，进行熏杀，15 天后可彻底杀灭蜡螟的卵、虫。

（3）修正：将灭虫后的巢蜜从继箱中提出，解开铁丝，用力推出巢蜜盒（格），然后用不锈钢薄刀片逐个清理巢蜜盒（格）边沿和四角上的蜂蜡及污迹，粘有蜂胶的用 75% 酒精擦拭。

图4-9　巢蜜格的修整与包装

（4）包装：对使用巢蜜盒或巢蜜格生产的巢蜜，修正、清除污迹后，在其上盖上盒盖或巢蜜格外套上盒子，即完成包装工作（图4-9）；如果生产的是整脾巢蜜，则须经过裁切和清除边缘残蜜后进行包装（图4-10、图4-11）。

图4-10　切割巢蜜脾，清除边缘残蜜

（5）贮藏、运输：根据巢蜜的平整与否、封盖颜色、花粉房的有无、重量等进行分级和分类，剔除不合格产品，然后装箱，在每2层巢蜜盒之间放1张纸，防止盒盖的磨损，再用胶带纸封严纸箱，最后把整箱巢蜜送到通风、干燥、清洁、温度在

图4-11 切割巢蜜，用玻璃纸包裹后再用透明塑料盒包装

20℃的仓库中保存。若长久保存，室内相对湿度应保持在50%～75%。按品种、等级、类型分垛码放，纸箱上标明防晒、防雨、防火、轻放等标志。

在运输巢蜜过程中，要尽量减少震动、碰撞，要苫好、垫好，避免日晒雨淋，防止高温，尽量缩短运输时间。

### （三）高产措施

新王、强群和蜜源充足是提高巢蜜产量的基础，连续生产，可加快生产速度，安排2/3的蜂群生产巢蜜，1/3的蜂群生产分离蜜，在流蜜期集中生产，流蜜后期或流蜜结束，集中及时喂蜜。

在生产巢蜜的过程中，严格按操作要求、巢蜜质量标准和食品卫生要求作业。坚持用浅继箱生产，严格控制蜂路大小和保持巢蜜框竖直；防止污染，不用病群生产巢蜜；饲喂的蜂蜜必须是纯净、符合卫生标准的同品种蜂蜜，不得掺入其他品种的蜂蜜或异物；饲喂工具无毒，用于灭虫的药物或试剂，不得对巢蜜外观、气味等造成污染；在巢蜜生产期间，不允许给蜂群喂药。

### 三、割脾榨蜜

割脾榨蜜适合蜂桶、蜂窑等无框饲养的蜂群，取蜜时，先将蜜蜂驱赶到一边，用刀将蜜脾与桶（箱或窑）壁连接处割裂，清除残余蜜蜂，然后置于桶中或其他适合的容器中，移到住所后再进行处理。

**1. 煮蜜**　将蜜脾置于双层不锈钢水浴锅中，然后供热，加热到 60~70 ℃，等蜜脾全部熔化后停止供热，冷却至 38~43 ℃，取出上部蜡块，流出蜂蜜并过滤，最后用大口无害塑料桶贮存。

**2. 榨蜜**　把蜜脾置于搅拌器中，将蜜脾捣碎，或将蜜脾裁成合适大小，然后将其放在榨蜜机（图 4-12）中，将蜂蜜挤压出来，并过滤装桶保存。

图 4-12　榨蜜机

如果蜜脾不含矿蜡，在蜜脾粉碎均匀后装桶保存，直接将蜂蜜和蜡渣混合在一起出售食用。这在河南省南召县较为盛行，当地叫"山蜂糖"。

## 四、榨取蜂蜡

把蜜蜂分泌蜡液筑造的巢脾，利用加热的方法使之熔化，再通过压榨或上浮等程序，使蜡液和杂质分离，蜡液冷却凝固后，再重新熔化浇模成型，即成固体蜂蜡。蜜蜂蜡腺分泌的蜡液是白色的，由于花粉、育虫等原因，蜂蜡的颜色有乳白、鲜黄、黄、棕、褐几种颜色。

**1. 工艺流程** 一般群众生产蜂蜡的程序见图 4-13。

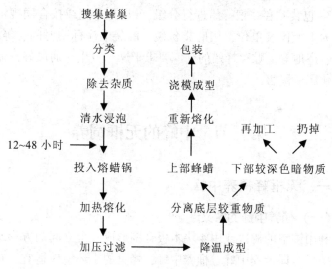

图 4-13 榨取蜂蜡工艺流程

**2. 生产方法**

（1）搜集原料：饲养强群，多造新脾，淘汰旧脾；平时搜集野生蜂巢、巢穴中的赘脾等。

（2）加热熔化：将蜂蜡原料置于熔蜡锅中（之前向锅中加适量的水），然后加热，使其熔化。

（3）榨取蜡液：将已熔化的原料蜡连同水一起倒入特制的麻袋或尼龙纱袋中，扎紧袋口，放在挤压板上，以杠杆的作用加压，使蜡液从袋中通过缝隙流入盛蜡的容器内，稍凉，撇去浮沫。

（4）降温凝固：蜡液凝固后即成毛蜡，用刀切削，将上部色浅的蜂蜡和下面色深的物质分开。这个工作可重复一次完成。

（5）浇模成型：将已进行分离、色浅的蜂蜡重新加热熔化，再次过滤和撇除泡沫，然后注入光滑而有倾斜度边的模具，待蜡液完全凝固后反扣，卸下蜡板。

**3. 包装贮存**　把蜂蜡进行分级，以50千克或按合同规定的重量为1个包装单位，用麻袋包装。麻袋上应标明时间、等级、净重、产地等。贮存蜂蜡的仓库要求干燥、卫生、通风好，无农药、化肥、鼠害。

# 第五节　中蜂的无框饲养

## 一、无框蜂桶养中蜂

### （一）桶养中蜂的意义

利用镂空的树段或用4块木板合围形成一个立起的方形蜂桶饲养中蜂，即桶养中蜂。桶养中蜂，蜂巢的小环境较适宜，符合野生种群的生活和延续，蜜蜂疾病少，减少了管理工作，投入与产出比较为合理。

### （二）桶养中蜂的管理

**1. 饲养方法**　用桶饲养中蜂在长江流域及以北山区较多。

把高 60~80 厘米、直径 35 厘米左右的树段镂空，在中间或稍微靠上一些的位置，用约 3 厘米见方的木条呈十字形穿过树段，即成蜂桶（图 4-14）。方木下方供造脾繁殖，上方供造脾贮存蜂蜜。蜂桶置于石头平面上或底座（木板）上，巢门留在下方，上口用木板或片石覆盖，并用泥土填补缝隙。

图 4-14　支撑巢脾的十字架

**2. 更换蜂王**　在分蜂季节将蜂桶倾斜 30°左右，查看巢脾下部是否产生分蜂王台（图 4-15），如需分蜂，就留下 1 个较好的王台，并预测分蜂时间，等待时机收捕分蜂团；如果不希望分蜂，就除掉王台。

**3. 人工分蜂**　在自然分蜂季节，检查蜂群，将有封盖王台的巢脾割下来一部分，粘贴在木桶上，将蜂箱倒置过来，使巢脾在上。用勺子将原群中的蜜蜂先舀出两勺，靠拢巢脾，有几十只蜜蜂上脾后，然后

图 4-15　倾斜箱身查看

再舀几勺直接倒入蜂桶，迅速盖上盖子（木板），最后将蜂桶放

在原蜂群的位置，原群搬到一边。

**4. 饲喂蜜蜂** 每次喂蜂前应将容器及浮木清洗干净。掀起蜂桶，将盛装糖水的容器置于箱底，上浮秸秆或小木棒，靠近巢脾下缘即可。天气寒冷在下午饲喂，天气温暖在傍晚饲喂。

**5. 割取蜂蜜** 根据蜜源情况和历年积累的经验，从上部观察蜂蜜的多寡，割取上部蜜脾，保留下部子脾和粉脾（图 4-16、图 4-17）。每年割蜜 2~3 次，每群年产蜜量 5~25 千克。

图 4-16 驱赶蜜蜂

图 4-17 割取蜂蜜

**6. 更新蜂巢** 每年春天温度稳定、蜜源丰富时，先将蜂桶上部的巢脾割除榨蜜，然后将蜂桶倒置，原有旧脾供蜜蜂采酿蜂蜜，下部蜜蜂筑造新脾供蜂王产卵繁殖。如果蜂群生病，全部割除巢脾，喂蜜（或糖浆）让蜜蜂重新营造新巢穴。

## 二、无框蜂箱养中蜂

无框蜂箱养中蜂，即无框蜂箱、定地饲养，要求蜜足蜂稠，群体健康，选育良种，强群采蜜。蜂箱散放于朝阳山坡（图4-18）。

图4-18　散放于朝阳山坡上的蜂箱

### （一）蜂具

**1. 蜂箱**　由6块木板合围而成，其中一个侧面是活动的，作为打开蜂箱检查、管理蜂群使用。蜂箱内左右宽66厘米、前后深40厘米（如果群势大，则增加到45~48厘米）、内高33厘米。蜂箱用木架支高40厘米左右，箱上部用草苫做成斜坡状，以避雨水和阳光，夏季还用浸水布片置于箱上用来降温。蜂箱活动箱板下沿开有巢门。此外，在夏季，活动板左右和上部都有缝隙，蜜蜂可以自由进出（图4-19）。

**2. 击胡蜂板**　将一节长约70厘米的竹子，劈成四瓣（1/4），其中柄长约40厘米、宽2.8厘米，丝端长30厘米、宽6厘

图 4-19　无框蜂箱

米，用竹刀将丝端分 35～40 根丝，用于击落来袭胡蜂（图 4-20）。

图 4-20　击胡蜂板

**3. 收蜂网**　收蜂网顶端采用一个高 7 寸①、下口直径 7 寸的圆形（半球形）竹（荆）编笼（壳），并且用泥涂抹竹笼缝隙，下沿缝上塑料纱网，使用前在内壁涂上蜂蜜。

**（二）饲养方法**

**1. 检查蜂群**　根据经验按季节查看蜂群，打开活动箱板，巢脾发白蜜蜂造新脾是正常，巢脾发黄蜂不旺是不正常，并判断是病、是虫害或是蜂王问题，及时处理（图 4-21）。

**2. 蜂群繁殖**　繁殖时间是在立春前后，使用泥巴将蜂箱孔

---

①　寸为非法定计量单位，农村常用，1 寸≈3.33 厘米。

洞糊严，减少通风透气，再在箱上用草苫围着，促进产子，开始时稍微喂些糖水，加消炎药（大安 1 片/笼+1:1的糖水）。

图 4-21　开箱检查蜂群

**3. 造脾**　每年割蜜留下 4 张脾，作为第二年蜜蜂造脾发展群势的基础，并在第二年割蜜时割除。以脾是否发黄判断巢脾是否需要更换，每年更新巢脾。

**4. 良种选育**　每年从其他蜂场购买群势大、产蜜高的蜂群两群，以这两群蜂的雄蜂作种，控制本场雄蜂的产生（割雄蜂蛹），引导种用雄蜂与本场处女蜂王交配。

**5. 蜜蜂饲料**　割蜜时间多在农历十月初十前后，保留一个角（蜂巢）够蜂群越冬食用，即冬季饲料留 4 个脾，每脾高 6 寸、宽 6 寸，多余的割除。正月检查，如果缺食，就取一块蜜脾放置于蜂团下方补食，并让蜜蜂能接触到。

**6. 人工分蜂（养王）**　用锤子敲击蜂箱一侧，迫使蜜蜂聚集到另一侧，然后割取巢脾，在巢脾中央插入细竹条一根，靠近箱侧或后箱壁的顶端将其吊绑在箱顶上，并从箱外孔隙横向插入两个竹片且穿过巢脾；然后将有封口王台的巢脾带王台割下一小块，固定在横向插入的两个竹片上，与原箱顶上的巢脾间隔 8~10 毫米，再用锥形纸筒将蜂舀入三筒即可；最后搬走原群，新分群（安装王台群）放在原群位置。原群蜜蜂 10 天后即发展起来，安装王台蜂群，新王产卵即成一群。

**7. 收捕分蜂**　无框养蜂，蜂群一般在 4 月下旬至 5 月上旬发生自然分蜂，如果当天发现王台封口，次日王台端部就会变黄，天气正常就要发生分蜂，或在封口第三天分蜂；如果天气不好，蜜蜂就在天气转晴、温度18℃以上分蜂。在分蜂季节，人应住在蜂场盯住，如果发生蜜蜂一个紧随一个地从巢门往外涌出，即表明分蜂开始。收蜂时，将纱网套在分蜂群活动箱板（巢门）一侧，顶端挂在一个立柱上，约2分钟，分出的蜜蜂被套在纱网中，撤回套在蜂箱上的

图4-22　收捕分蜂

纱网，稍停30分钟左右，蜜蜂便聚集在竹笼内（图4-22）。然后，准备一个蜂箱，在靠近后箱壁或左右箱壁，将一个小巢脾用铁丝吊在箱顶之上，再将收回的蜜蜂放入箱中，引进蜜蜂时，先将纱网反卷，暴露出蜂团，将竹笼倒置于蜂箱中，盖好箱板，蜜蜂自动上脾造脾，蜜蜂造脾走向与事先固定的巢脾相同，因此，无框蜂箱的巢脾走向、大小是可以控制的。

**8. 蜂病防治**　使用敌螨熏烟剂防治巢虫；采取过氧乙酸加入小敞口瓶中，上用纱网封闭（防止蜜蜂跌落其中）熏蒸，预防囊状幼虫病；饲喂蜂必康预防疾病；在糖饲料中添加蜂王浆、复合维生素等，可以改善蜜蜂体质。

**（三）蜂蜜生产**

每年9~10月割蜜一次，将蜜脾从蜂箱中割下来，蜂蜜带巢一起销售。在河南省南召县伏牛山区，每年每箱平均生产蜂蜜20千克，高的达到35千克。

### 三、格子蜂箱养中蜂

#### （一）饲养基础

**1. 概念** 格子蜂箱养蜂，就是将大小适合、方的或圆的箱圈，根据蜜蜂群势大小、季节、蜜源等上下叠加，调整蜂巢空间，给蜂群创造一个舒适的生活环境，也为方便生产封盖蜂蜜。它是无框养蜂较为先进的方法之一。格子蜂箱养中蜂，管理较为粗放，既可在城市业余饲养，也能在山区专业饲养，只要场地合适，蜜源丰富，一人能管数百蜂群。同一个地方，格子蜂箱养中蜂的产量比活框的少，比蜂桶的多，但其所产蜂蜜因其原始性和有形性价格较高。

**2. 饲养原理** 格子蜂箱主要用于饲养中蜂。自然蜂群，巢脾上部用于贮存蜂蜜，之下备用蜂粮，中部培养后代工蜂，下部为雄蜂巢房，底部边缘建造皇宫（育王巢房）。另外，中蜂蜂王多在新房产卵，蜜蜂造脾，蜂群生长，随着巢脾长大蜜蜂个体、数量增加，从这个角度讲，新脾新房是蜂群的生长点，巢脾是蜂群生命的载体。因此，根据这些中蜂生活习性，设计制作横截面小、高度低、箱圈多的蜂箱，上部生产封盖蜂蜜，下部加箱圈增空间，上、下格子箱圈巢脾相连，达到老脾贮藏蜂蜜、新脾繁殖、蜜蜂少生疾病的目的。另外，夏季在下层箱圈下加一底座，增加蜂巢空间，方便蜜蜂聚集成团，调节孵卵育虫的温度和湿度。

#### （二）制作蜂箱

**1. 格子蜂箱的结构** 格子蜂箱，是箱圈、箱盖、底座的组合，主要有圆形（图4-23）和方形两种（图4-24～图4-26），也有根据市场需要制成其他形状的。方形的由四块木板合围而成，有带耳的，有无耳的；圆形的由多块木板拼成，或由中空树段等距离分割形成。底座大小与箱圈一致，一侧箱板开巢门供蜜蜂出入，相对的箱板（即后方）制作可开闭或可拆卸的大观察门。箱盖或平或凸，达到遮风、避雨、保护蜂巢的目的，兼顾美观、展示；箱盖下蜂巢上还有一个平板副盖，起保温、保湿、阻蜂出入和遮光作用。

图 4-23　圆形格子蜂箱

图 4-24　方形格子蜂箱
（引自《养蜂之家》）

图 4-25　方形格子蜂箱箱圈
（引自《养蜂之家》）

制作格子蜂箱的板材来自多个树种，厚度宜在1.5~3.5厘米。薄板箱圈因其保温性不好，故不能作为越冬箱体使用，它用于生产，所装蜂蜜经过包装可直接销售；厚板箱圈保温性好，适合越冬用，夏季用很少有蜂扇风。

**2. 格子箱圈的大小** 格子蜂箱养中蜂，所依是中蜂生活习性，由于全国中蜂有九个地理类型分布各地，各地环境气候、种群大小、蜜源类型和多寡皆不一样，加上各人习惯和市场

图4-26 方形格子箱座

需要，所以，全国格子箱圈的大小没有统一标准（固定尺寸）。一般来讲，箱圈大小，除了适合蜜蜂习性，还要根据当地中蜂群势、蜜源丰歉、产品属性、饲养目的（如爱好、文娱活动、生产销售）而定。一般直径或边长不超过25厘米、不小于18厘米，高度不超过12厘米、不低于6厘米；箱圈小可高些，箱圈大可低些。综合各地经验，以意蜂郎氏标准巢脾为标准（一脾中蜂约有3 000只工蜂），箱圈大小与蜂群、蜜源的关系见表4-2。

表4-2 箱圈大小与蜂群、蜜源的关系

| 群势/脾 | 箱圈直径或边长/厘米 | 蜂蜜产量/千克 | 箱圈高度/厘米 | 备注 |
|---|---|---|---|---|
| 4~6 | 22 | <10 | 8~10 | |
| | | >10 | 10~12 | |
| 6~8 | 24 | <10 | 8~10 | |
| | | >10 | 10~12 | |
| 8~10 | 25 | <10 | 8 | |
| | | >10 | 8~10 | |
| 说明 | | | | |

**3. 格子箱圈的制作**　方形格子箱圈有有耳和无耳之分。无耳箱圈由4块木板装订而成，木板拼接有榫无钉，箱板薄（1.5厘米以内），其箱圈本身作为销售包装的一部分；有榫铆钉，箱板厚（2~3.5厘米），坚固，仅作生产使用。有耳箱圈，指相对斜角箱板突出成耳，耳长1.5~2厘米，板厚2厘米。圆形格子箱圈由侧边有凹凸槽的小木板拼接而成，外箍铁箍，或由竹条或钢丝将短而细的圆木串接起来，或由中空的树段等距离分割而成。

每套蜂箱配底座1个，平板副盖1个，箱盖1个，4~5格箱圈。

底座前开小门供蜂出入，后开大门，即后箱板可开闭，亦可撤装，供观察和管理之用。

箱板以3.5厘米最好，夏季利于隔热，冬季保温好。

**4. 新箱处理**　新箱圈有异味，蜂不愿进。清除异味方法如下。

（1）水处理：箱圈风干后泡蜜糖水，取出风干，清水冲洗后再风干备用；或者在箱圈内涂蜜蜡，蜜渣煮水泡箱。

（2）火处理：利用酒精灯火焰喷烧使箱圈表面碳化。

（3）烟处理：将格子箱圈、内盖，左右交叉叠放，支离地面约50厘米，点燃木材、艾草熏蒸。

新箱在收蜂或过箱使用时，还需要使用稀蜜水加少量食盐喷湿内壁。

**（三）操作技术**

**1. 添加格子**　繁殖期，打开底座活动侧板（最好留存后边，与巢门相对应），查看蜂巢。如果巢脾即将达到底座圈上，就把原有蜂箱搬离底座，先在底座上部添加一个格子箱圈，再将格子蜂群放回新加格子箱圈之上。

生产期，大流蜜期在上添加格子箱圈，小流蜜期在下添加格子箱圈，适时取蜜。

**2. 检查蜂群**　打开底座活动侧板，点燃艾草绳，稍微喷出烟，蜂向上聚集，暴露脾下缘，从下向上观察巢脾，即能发现有无王台、造脾快慢、卵虫发育等问题，以便采取处置措施。每次看蜂，喂点糖水，以使蜜蜂温顺。

**3. 捕捉蜂王**　有向上撵和向下赶两种方法。

（1）向上撵：第一，准备一个与蜂巢相同的格子箱圈、一片同大的隔王板，先将要抓蜂王蜂巢搬离原址，另置底座于原箱位，再取蜂巢上盖覆盖底座上，收拢回巢蜜蜂；第二，撤下副盖，并在蜂巢上方添加一层箱圈，其上加隔王板，隔王板上再加两层箱圈，盖上箱盖；第三，轻敲下部箱体，驱蜂往上爬入空格结团，或用烟熏，或用风吹；第四，在隔王栅下面箱圈中寻找蜂王，并用王笼关闭。

（2）向下赶：在箱圈下底座上添加箱圈，关闭巢门，再将底座活动箱板（观察侧门）改换纱窗封闭；然后使用风机向下吹蜂离脾，及时在空格和巢箱之间加上隔王板，最后，工蜂上行护脾，在空格箱圈中寻找蜂王。

以上两种方法，找到蜂王后关进王笼中，将蜂巢移到原来位置，再采用下一步的管理措施。

注意，赶蜂时向蜜蜂喷洒雾水，蜂更驯服，向上撵、向下赶，蜂巢在下或翻转，都可进行。

分蜂季节，箱前突然冷冷清清，少有蜜蜂进出。下午倾斜蜂箱（桶），如果巢脾底部王台清晰可见，就在几个王台间寻找，发现老王，抓住关笼。

**4. 更换蜂王**　分蜂季节，清除王台，在蜂巢下方添加隔王板，将上层贮蜜箱取下置于隔王板下、底座上，诱入王台，新王交配产卵后，如果不分蜂，按正常加箱格管理，抽出隔王板，老蜂王自然淘汰；如果是分蜂，待新王交尾产卵后，就把下面箱体搬到预设位置的底座上，新王、老王各自生活。

**5. 喂蜂** 外界蜜源丰富，无框蜂群繁殖较快，外界粉、蜜稀少，隔天奖励饲喂。越冬前贮备足够的封盖蜜，饲喂糖浆须早喂。

喂蜂蜜或白糖，前者 0.5 千克蜜加 0.1 千克水，后者 0.5 千克白糖加 0.35 千克水，混合均匀，置于容器，上放秸秆让蜂攀附，最后搁在底座中，边缘与蜂团相接喂蜂。如果容器边缘光滑，就用废脾片裱贴。

喂蜂的量，以当晚午夜时分搬运完毕为准。如果大量饲喂，须全场蜂群同时进行，而且周边 2.5 千米范围内无其他蜂场。

**6. 收蜂** 准备好蜂箱，树杈下或屋檐下的分蜂团，找一盛米的袋子，反卷一点口，直接套上去，向中间封口，取回蜂袋抖蜂进箱；或将蜂袋置底座中，反卷一点口，蜜蜂自上脾；或者先抓王，关进笼子里，置于箱内，箱内涂蜜糖，纸筒舀蜂进，枝叶当扫帚，扫蜂进蜂箱；或者，见到蜂团先喷水，格子箱圈套上去，蜜蜂自动爬进去。

另外，将木制梯形或竹制篓形收蜂笼挂在蜂场附近朝阳树枝上，或者置于向阳、显著的巨石旁，诱引分蜂群投靠。

**7. 补蜂** 当小群或交尾群子脾封盖后，将强弱两群互换箱位，利用外勤蜂补弱群。先准备香水混合液（1 升水＋香精少许），第一天傍晚喷雾两群，第二天早上蜂未出勤前重复 1 次，强群多喷，弱群少喷，蜜蜂大量出工后互换位置。如果发现有蜂打架，则再喷香水。

**8. 合并蜂群** 打开箱盖，揭去副盖，盖上报纸，多打小孔，再添箱圈，将无王蜂抖入，盖上箱盖，3 天后撤报纸、去箱圈，如果蜂多，从下加箱。

**9. 追蜂造脾** 如果蜂巢不满箱，剩下空间不造脾，在蜂群发展到 3 个箱体，即巢脾高约 30 厘米，蜜、粉、子圈分明时，就在第三箱圈与底座之间添加覆布一块，只挡有脾一侧，无脾一侧空出，蜜蜂就会将剩余空间做满蜂巢。

**10. 防止盗蜂**　中蜂养殖最怕起盗，根据实践，群众总结出"中盗中一场空、强盗弱白忙活"的盗蜂危害性。处理方法如下。

（1）加阻蜂器：意蜂盗中蜂，加格栅阻隔器，格栅间隙 4 毫米。

（2）强弱互换箱位：把强群搬到弱群处，弱群搬到强群处，各群喷洒食用香精（忌用花露水）。

（3）作盗群换箱位。

（4）常年保持食物充足。留足蜂蜜饲料是预防盗蜂最好的方法；如果蜂蜜饲料不足，饲喂蜜蜂须傍晚进行，午夜搬完；在没有其他蜂场蜜蜂干扰的情况下，也可以全场同时大量饲喂。

亦可采取覆盖白色透明塑料布等制止盗蜂。

**11. 转场**　割除最下一格巢脾，上下箱体连接固定，取下侧门，换上纱窗，关闭巢门，即可装车运蜂。

**12. 割取蜂蜜**　当蜂群长大、箱到五个，向上整体搬动蜂箱，如果重量达到 10 千克以上，就可撤格割蜜。一般割取最上面的一格。

（1）操作技术：先准备好起刮刀、不锈钢丝或钼丝、艾草或火香、容器、螺丝刀、割蜜刀、L 形割蜜刀、井字形垫木等。第一步，先取下箱盖斜靠箱后，再用螺丝刀将上下连接箱体螺钉松开（未有连接的就没有这一步骤）；第二步，用起刮刀的直刃插入副盖与箱沿之间，撬动副盖，使其与格子一边稍有分离；第三步，将不锈钢丝横勒进去，边掀动起刮刀边向内拉动钢丝两头，并水平拉锯式左右和向内用力，割断副盖与蜜脾、箱沿的连接，取下副盖，反放在巢门前；第四步，点燃艾草或火香，从格子箱上部向下部喷烟，赶蜂下移（利用 12 伏特吹风机吹蜂下移，快捷、卫生）；第五步，将起刮刀插入上层与第二层格子箱圈之间，套上不锈钢丝，用同样的方法，使上层格子与下层格子及其相连的巢脾分离；第六步，搬走上层格子蜜箱（图4-27），蜂巢上部盖好副盖和箱盖。

格子箱圈中的蜂蜜可以作为巢蜜，置于井字形木架上，经过边缘残蜜清理，包装后即出售（图4-28）。或者割下蜜脾，捣碎，经过80目或100目滤网过滤，形成分离蜂蜜，也可经过水浴加热将蜂蜜与蜂蜡分离，再行过滤；利用榨蜡机，可挤出蜂蜜。

蜡渣可作化蜡处理，也可作引蜂的诱饵，洗下的甜汁用作制醋的原料。

图4-27　贮蜜箱格（圈）

图4-28　割取蜂蜜

（2）高产措施：生产前添加格子箱圈，箱圈中加浅框或巢蜜格、盒造脾；流蜜期贮蜂蜜，蜜满其下再加新箱活框贮蜜，或者撤出格子蜜箱；花期结束，未封盖蜂蜜箱重返蜂巢上方，继续酿蜜成熟。如果贮蜜箱蜂蜜稠厚，就将蜜箱直接加到最上层；如果蜂蜜稀薄，就将蜜箱加到下边第二层，达到奖励饲喂、促进蜜蜂繁殖的作用。

**（四）春季繁殖**

**1. 时间**　立春以后，蜜蜂采粉，即可进行春季繁殖管理。

**2. 清扫**　打开侧板，清除箱底蜡渣。

**3. 缩巢**　从底座上撤下蜂巢，置于井字形木架上，稍用烟熏，露出无糖边脾，用刀割除。然后根据蜜蜂多少，决定下面箱圈去留，最后将蜂巢回移到底座上。

**4. 奖饲**　通过侧门，每天或隔天傍晚给蜂喂少量蜜水。

**5. 扩巢**　一月左右，巢脾满箱，从下加第一个箱圈。以后，根据蜂群大小，逐渐从下加箱，扩大蜂巢。

### （五）活框过箱

**1. 裁切巢脾**　保留卵房、花粉的新脾，蜂少时将巢脾裁成巴掌大小3~4块，蜂多可稍大些，以蜂包脾形成球状为准。

**2. 固定巢脾**　将裁好的巢脾穿插在箱内并于竹签上固定，要靠箱壁均匀排列（图4-29）。

**3. 放置蜂王**　将蜂王挂在脾边上。

**4. 引蜂**　用一张铜版纸（广告纸）卷一个锥形纸筒，舀蜂堆放脾上，盖上箱盖，剩余蜜蜂抖落地上自行进巢。也可将格子箱圈置于活框箱上，所余缝隙用纸板堵住，敲击下面箱体，驱赶蜜蜂往上爬入。

如果蜂王丢失，则有蜜蜂扇风招王活动，及时导入带台小脾。

图4-29　过箱

**5. 处理蜂不进箱**　蜂不进箱的原因为箱味太浓，可涂抹蜜渣消除。过箱或收蜂时，先把少量蜜蜂放到脾上，其他蜜蜂则会随着上去。

### （六）分蜂增殖

格子蜂箱分蜂也有自然与人工两种。分出的蜜蜂都要饲喂，加强繁殖。

**1. 自然分蜂** 自然分蜂,蜂王易交尾,蜂群长得快,蜜蜂造脾快。分蜂季节,检查蜂群,发现雄蜂出游,注意群出王台,王台封盖 2 天,工蜂啃咬蜡盖,只要天气晴朗,蜂群即可分蜂。

(1)预测时间:每年中蜂都有比较固定的分蜂时间,即分蜂季节,如中原地区为每年 4 月下旬到 5 月上中旬,蜂群经过一个春天的增长,蜂多蜜多,便集中养王闹分家。在闹分蜂期间,打开观察窗口,查看王台有无,估算出王时间。

(2)捕捉蜂王:王台封盖后,蜂群出现分蜂迹象,巢门安装多功能笼(可供中蜂自由进出,蜂王能进不能出,意蜂工蜂不能通过)。此后几天,注意观察,当看见大量蜜蜂涌出巢门,在蜂场飞舞盘旋,即表明分蜂开始。首先找到分蜂群,守在箱侧观察,待蜂出尽、工蜂设防,取下有王多功能王笼。

(3)原巢安置:等到分蜂出尽,关闭巢门,打开通气窗口,将格子蜂巢不带底座迁移别处,并置于新的底座上;或者不关巢门,仅将蜂巢移出原来位置。待分蜂处理后,再把老箱放回原址,也可把老箱放其他处,新蜂箱放于原址。

原箱留王台 1 个,多余的清除。

(4)分蜂处理:首先准备新箱一套,内部绑定蜜、子脾 1~2 块。

引蜂回巢。在原底座上放置新箱,蜂王带笼置于巢门踏板上,吸引分蜂回巢,待多数蜜蜂进入蜂箱,打开笼门,蜂王随工蜂进巢,分蜂收尽,关闭巢门,注意通风,将分蜂群迁移到合适位置饲养,打开巢门。

引蜂入笼。在原址挂收蜂笼,把蜂王带笼挂在收蜂笼中,或将有蜂王笼挂在分蜂蜜蜂集中处的树枝上,招引分蜂进笼结团,蜂团稳定后,抖蜂入新箱,蜜蜂稳定后搬走另养,老箱放原址。

如果无王分出而蜜蜂已经聚集,就将有王蜂笼挂在收蜂箱中，下沿紧靠蜂团，收回蜂群，再将蜂团抖进蜂箱，或置于底座内，引导蜜蜂上脾。如果分出蜜蜂返巢，就将原来蜂巢搬到别处饲养，原来底座上加上格子箱圈，有王蜂笼再置于巢门，吸引蜜蜂归巢。如果需要更换蜂王，待回巢蜜蜂稳定后，安插一块已经安装好成熟王台的蜜、子脾。

收蜂务必将老蜂王收回。

格子箱圈收蜂或过箱初期，预留空间要大，等蜜蜂做脾后再根据蜂数增减箱体数量，在傍晚进行奖励喂养。

小经验：做好防逃措施，还要防止二次分蜂，老箱放原址的尤要注意。

**2. 人工分蜂**　将格子蜂箱底座侧（后）门，做成随时可拆可装形式，取下侧（后）门，换上纱窗门，改成通风口，关闭通蜂（巢）门，上加两箱圈，蜂巢置其上，打开上箱盖，风吹蜂至底，及时插入隔王板于巢箱和空格箱圈之间，然后静等工蜂上行护脾。底座和空格箱内剩余少量工蜂和老王，撤走另置，添加有蜜、有子脾、有蜂箱圈，两天后撤走格子空箱圈，即成为新群老王。原群下再加底座，静等处女蜂王交配产卵。

（1）平均分蜂法：

1）结合割蜜分蜂。先将上层贮蜜格子箱圈取走，再把有子脾格子蜂巢从中间用线平均分离，上下分开，分别置于底座之上，位于原箱左右、距离相等、相近，以后经过观察，蜂多的一群向外移，蜂少的一群向中间移，尽量做到两群蜂数量相当。如果将其中一群搬走，就多分配一些蜜蜂，弥补回蜂损失。通过观察，生活秩序井然的为有王群（一般王在下部箱圈），适当奖励糖水；飞出蜜蜂乱串、巢门有蜂惊慌悲鸣、傍晚聚集巢门的可断定为无王群，应及时导入成熟王台或产卵蜂王，或静等其急造王台自行培育蜂王。注意割蜜时须预防盗蜂，比如清除残蜜等。

2）不割蜂蜜分蜂。蜂巢出雄现台便可分蜂。先去掉内外箱盖，上加格子箱圈1个，盖回箱盖。敲击箱体或由下向上喷烟赶蜂上行，蜂王随同。然后使用钢丝或刀片将蜂巢从中间上下分离，上部蜂多食多无台有王，置于新址，上下加底座和箱盖；下部蜂少子脾多无王有台，不动，外勤蜂回巢养王，盖上箱盖。

操作应在上午进行，如果夜间进行，原群应留适当蜜蜂，防止蜂少冻蜂饿蜂。

（2）割脾分蜂法：首先，打开箱盖、副盖，上置收蜂笼，先驱赶蜜蜂爬进收蜂笼，找到蜂王，关在王笼之中，并挂于收蜂笼内，待蜂结团。其次，割下蜜脾，留下封盖子脾、花粉脾和少量的空脾，取下空蜜箱圈。再次，将子脾箱平均分割成两块；或者将子脾按要求裁切，清净边缘，用竹签串起，相间排列，平均分到两个格子箱圈中。最后，原址放底座一个，选新址一个并放好底座，然后将等量的带子格子箱分别置于底座上，新址蜂巢带老王，用纸筒甾蜂于内，盖好箱盖；再将收蜂笼内的余蜂抖落于旧址箱内，并盖好箱盖。

分蜂有时也简单，当发现蜂群出王台，在晴天午前，先移开原箱，原址添加一格箱圈，从原群中割取子脾，裁成手掌大小，固定于箱圈后，导入成熟王台，回巢蜜蜂即可养育出新王。

（3）圆桶箱圈人工分蜂：蜂群有王台，将原群有王箱体搬离，另放他处；原地放有王台箱体，接回蜂。

通过箱外观察判断蜂群正常与否。新王产卵，蜂多粉多；无王蜂群，巢门进出三三两两，长时不见带粉蜜蜂。处女群少干扰，如长期归巢蜜蜂不带粉，蜂黑亮，须淘汰。

**3. 预防分蜂**  中蜂春分群，弱群也起台，若天气反常，点卵就分蜂。及时更新蜂王可有效地防止自然分蜂；改善蜂群环境，亦能预防蜂群分蜂，如用泡沫板遮阳避免阳光直射、多加格子箱圈增大内部空间、上下开门供蜂出入等。

### （七）蜂病防治

巢虫是蜡螟的幼虫，钻蛀巢脾，致蛹死亡，防治方法如下。

**1. 蜂箱合适**　箱圈内围尺寸要按当地蜜源、群势具体情况来定，尺寸适合，宜略小不宜大。

**2. 更新蜂巢**　一年割两三格蜜，脾新蜂旺，抑制巢虫发生。

**3. 管理**　蜂、格相称，阻虫上脾；及时清除箱底垃圾，消灭箱底卵虫；分蜂原群，蜂少箱多，及时撤离多余箱格，奖励饲喂，驱赶巢虫。

### （八）蜂群越冬

根据蜂群大小，保留上部 1~2 个蜜箱，撤除下部箱圈，用编织袋从上套下，包裹箱体 2~6 层，用小绳捆绑，缩小巢门。

# 第六节　中蜂的转运技术

中蜂适合定地饲养，也可以小转地放牧。目的地要求蜜源植物种类丰富，泌蜜时间长，开花期连续。

## 一、活框蜂群运输

### （一）基本要求

**1. 空间大小**　蜂巢内须有 1/3 的空间，如果不够，就采取提出部分巢框或割除部分巢脾创造空间。

**2. 子脾有无**　带脾运输，应避开断子期，子脾不宜多。蜂群无子，适宜无脾运输。

**3. 饲料多少**　带子巢脾上缘多数蜜房须封盖，无子蜜脾应取出。

**4. 继箱强群**　抽出隔王板，子脾集中在下箱体，边缘放蜜脾，无子巢脾脱蜂后另行运输。

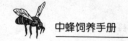

**（二）运输准备**

**1. 固定巢脾**　以牢固、卫生、方便为准。

（1）用框卡或框卡条固定：在每条框间蜂路的两端各楔入一个框卡，并把巢脾向箱壁一侧推紧，再用寸钉把最外侧的隔板固定在框槽上。

（2）使用海绵条固定：用特殊材料制成的具有弹（韧）性的海绵条，置于框耳上方，高出箱口 1~3 毫米，盖上副盖并用钉子固定，或捆绑蜂箱，以压力使其压紧致巢脾不松动。

**2. 连接箱体**　如果是双箱体，用绳索等把上下箱体及箱盖连成一体。

**3. 装车**　打开箱体的通风纱窗，在傍晚大部分蜜蜂进巢后关闭巢门。若巢门外边有许多蜜蜂，可用喷水的方法驱赶蜜蜂进巢。蜂箱顺装，箱箱紧靠，巢门向前，巢脾和运行方向一致。最后用绳索挨箱横绑竖捆，绑紧蜂箱，然后开车上路。黑暗有利于蜜蜂安静，因此，蜂车应尽量在夜晚行驶。

**（三）运输管理**

运输距离在 300 千米以内时，傍晚装车，夜间行驶，黎明前到达，天亮时卸蜂，途中不停车。采用轻型汽车运蜂，尽量走好路，避免急刹车和猛起步。

**（四）落场管理**

到达新场地后，立即卸车，3~5 群为一组，分散摆放而且巢门方向错开；放置好蜂群后，再间隔和分批打开巢门；若有飞逃的蜂群，重新关闭，待晚上再启开巢门；次日蜂群安定后，撤除内外包装，对蜂群全面检查和综合管理。

## 二、无框蜂群运输

**1. 蜂桶运输**　根据蜂桶大小和形状缝制网兜，用网兜套装蜂桶，收拢网口，借助图钉封闭蜜蜂出口，尽量将蜜蜂囚禁在蜂桶中。然后，将蜂桶装车，巢脾朝向前方。

**2. 笼蜂运输**　如在早春、晚秋或南方蜂群越夏后，蜂群断子或子少，将蜜蜂与蜂巢隔离，装笼运输。笼蜂运输，目的地须预先准备好蜂笼或蜂箱，以及到达目的地后的过箱工作。

# 第五章　中蜂育种养王技术

在养蜂生产中，蜂王的培养和管理至关重要，蜂王质量好，每年按时更新，是提高产量和生产效率的有效措施。

蜂种改良主要是针对本蜂场的具体情况，采取选择、引进、杂交等育种手段，通过培育蜂王，达到提高产量、改善蜂群品质低劣和增强抗病能力的目的。实际上，每年育王和换王都是在做这项工作，通过育王分蜂扩大经营。

## 第一节　中蜂良种来源

一个养蜂场，经过长期对蜂群的定向选择，或经过引进优良种蜂王进行杂交，可培养出生产能力和抗病能力强的蜂群。

### 一、选种技术

#### （一）选种目标

中蜂的选种目标是蜂群强壮、抗病，以此改良群体性状，达到蜂蜜优质高产和管理省力的目的。为此，可利用选择或杂交的手段，实现育种目标。譬如，经过对本场蜂群的长期考察和本地中蜂普查以后，制定单产在 30 千克以上、群势在 25 000 只蜜蜂以上和抗囊状幼虫病强为中蜂选种目标，并在当地和自己蜂场寻找符合要求的蜂群作种群养王，通过长期选育，就能达到高产、高效的育种目的。

## （二）选种方法

在我国养蜂生产中，选种多采取个体间选择和家系内选择的方式，在蜂场中选出种群生产蜂王，使其优良性状更加明显和稳定。这是当今可行的、安全的和提倡的培育优良中蜂的技术手段。

例如，如图 5-1 所示，5 个家系的 a、b、c、…、x、y 25 群蜂中，选出 10 群作为种用群，用家系内选择是 a、b、f、g、k、l、p、q、u、v，用个体选择是 f、u、v、g、a、h、w、x、b、i，用家系间选择是 f、g、h、i、j、u、v、w、x、y。

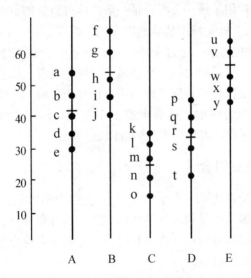

图 5-1　5 个家系蜂群的性状分布

●表示个体性状值；— 表示家系性状平均值

**1. 个体选择**　在一定数量的蜂群中，将某一性状表现最好的蜂群保留下来，作为种群培育处女蜂王和种用雄蜂。在子代蜂群中继续选择，使这一性状不断加强，就可能选育出该性状突出的良种。

**2. 家系内选择**　从每个家系中选出超过该家系性状表型平均值的蜂群作为种群，适用于家系间表型相关较大而性状遗传力低的情况。这种选择方法可以减少近交的概率。

### （三）选种方向

蜜蜂的性状受父本和母本的影响，育王之前选择父群培育雄蜂，遴选母群培育幼蜂，挑选正常的强群哺育蜂王幼蜂。种群可以在蜂场中挑选，也可以引进，选择的项目如下：

**1. 父群的选择**　根据上述选种方法，将采集力强、繁殖快、分蜂性弱、抗逆力强和工蜂盗性小、温驯等性能突出的蜂群，挑选出来培育种用雄蜂。父群数量一般以蜂群数量的 10% 为宜，培养出 80 倍以上处女蜂王数量的健康适龄雄蜂。

**2. 母群的选择**　通过全年的生产实践，全面考察母群种性和生产性能，将繁殖力强、产量最高、维持强群、抗巢虫和幼虫病、具有稳定特征的蜂群选择出来，作种用母群。

此外，作为种群，还要求蜂王个头大、产卵力强、子脾整齐，群势在 8 脾蜂左右（约 25 000 只）。

## 二、杂交组合

蜜蜂杂交产生的子代，生活力、生产力等方面往往超过双亲，是迅速提高产量和改良种性的方法。获得蜜蜂杂交优势，首先要对杂交亲本进行选优提纯和选择合适的杂交组合，以及遴选杂交优势表现的环境。

中蜂杂交配对中，只能在海南中蜂、东部中蜂、藏南中蜂和阿坝中蜂等东方蜜蜂亚种间进行，杂交也可以在同一亚种不同生态型之间进行，即使同一生态型在距离较远（100 千米以上）的地区之间，也可引种，利用杂种优势。

在自然条件下，中蜂与大蜜蜂、小蜜蜂等其他野生蜜蜂品种存在着生殖（交配）屏障，目前的科技手段也没有使东方蜜蜂与西方蜜蜂等品种杂交成功。

远距离购买中蜂种群进行杂交育种，现在没有推广，因为缺少对中蜂种质资源影响的风险评估。

**1. 单交**　用一个品种的纯种处女蜂王与另一个品种的纯种雄蜂交配，产生单交王。由单交王产生的雄蜂，与蜂王具有相同种性（基因完全来自于蜂王），产生的子代工蜂或蜂王是具有双亲基因的第一代杂种。由第一代杂种工蜂和单交王组成单交种蜂群，蜂王和雄蜂不具备杂种优势，但工蜂是杂种一代，具有杂种优势。

**2. 三交**　用一个单交种蜂群培育处女蜂王，与一个不含单交种血缘的纯种雄蜂交配，产生三交王。蜂王本身仍是单交种，后代雄蜂与母亲蜂王一样，也为单交种，子代工蜂和蜂王为具备三个蜂种基因的三交种。三交种蜂群中，蜂王和工蜂均为杂种，都能表现出杂种优势，所以三交种群的后代所表现的总体优势比单交种群好。

**3. 双交**　用一个单交种培育的处女蜂王与另一个单交种培育的雄蜂交配称为双交。双交种群，蜂王仍为单交种，含有两个种的基因，产生的雄蜂与蜂王一样也是单交种；子代工蜂和蜂王含有 4 个蜂种的基因，为双交种，能产生较大的杂种优势。

**4. 回交**　采用单交种的处女蜂王与父代雄蜂杂交，或单交种雄蜂与母代处女蜂王杂交称回交，其子代称回交种。回交育种的目的是增加杂种中某一亲本的遗传成分，改善后代蜂群性状。

## 三、注意事项

选种要避免近亲交配，因此，参加竞选母群的蜂场应在 60 群以上，与处女蜂王交配的雄蜂则由所有参加竞选蜂群中自由产生。

杂交要在其后代中进行选育，保留子代性状结合好的作种群，再与引种蜂王回交，杂种优势才会很好地表现出来。

无论选种或杂交，要预防无关的雄蜂参加蜂王交配。

# 第二节　中蜂蜂王的培育

## 一、养王原理

通常蜂群只有 1 只蜂王，每年春天第一个主要蜜源结束（如河南省 4 月底至 5 月上旬），蜂群强盛，食物充足，蜜蜂开始培育蜂王准备分蜂（图5-2）。蜂王和工蜂均由受精卵发育而成，产在王台和工蜂巢房的卵和初孵化的幼虫完全一样，吃的都是蜂乳（蜂王浆）。3 天后，工蜂巢房中的幼虫被改喂蜂粮和蜂蜜的混合物，以后发育成具

图5-2　王台——蜂群培育蜂王的王宫

有工作能力的工蜂，而在王台中的幼虫，则始终供给蜂王浆，将来发育成能够正常产卵的蜂王。若将工蜂房中的小幼虫移到王台中，喂养蜂王浆，它也能长成蜂王，蜂群中的改造王台证明了这一事实（图5-3）。

所以，将蜂群培养成强群，供应充足的食物，并用隔王板将蜂巢分成两区，蜂王在下边产卵，作蜂群繁殖，上边为无王区，供培养蜂王。然后，仿造自然王台，用蜂蜡做成王台基，并将工

蜂房中 1 日龄幼虫移住，再置于无王区，辅之必要的管理措施，就能培育出蜂王。

## 二、养王方法

### （一）养王计划

**1. 育王时间** 一年中第一次大批育王时间应与所在地第一个主要蜜源泌蜜期相

图 5-3 改造王台——蜂群培养蜂王的行宫

吻合，例如，在河南省养蜂（或放蜂），采取油菜花盛期（4 月上中旬）育王，末期（4 月下旬至 5 月上旬）把蜂王更换，或春天出现雄蜂时移虫育王。

**2. 工作程序** 在确定了每年的用王时间后，依据蜂王生长发育历期和交配产卵时间，安排育王工作，见表 5-1。

表 5-1 人工育王工作程序

| 工作程序 | 时间安排 | 备注 |
| --- | --- | --- |
| 确定父群 | 培育雄蜂前 1~3 天 | — |
| 培育雄蜂 | 复移虫前 15~30 天 | — |
| 确定、管理母群 | 复移虫前 7 天 | — |
| 培育养王幼虫 | 复移虫前 4 天 | — |
| 初次移虫 | 复移虫前 1 天 | 移 1 日龄其他健康蜂群的幼虫（数量为计划养王的 120%） |
| 复移幼虫 | 初次移虫后 12~24 小时 | 移 12 小时龄养王幼虫 |
| 组织交配蜂群 | 复移虫后 8 天 | 亦可分蜂（数量为 120%） |
| 分配王台 | 复移虫后 10 天 | — |
| 蜂王羽化 | 复移虫后 12 天 | — |
| 蜂王交配 | 羽化后 8~9 天 | — |

| 工作程序 | 时间安排 | 备注 |
|---|---|---|
| 新王产卵 | 交配后 2~3 天 | — |
| 提交蜂王 | 产卵 7 天后 | — |

### （二）操作规程

蜜蜂的性状受父本和母本的影响，育王之前选择父群培育雄蜂，遴选母群培育良种幼虫，挑选正常的强群哺育蜂王幼虫，三者同等重要。

**1. 种用雄蜂的培育**　父群的挑选应侧重于蜂群采集能力，一般需要考察 1 年以上。

首先割除旧脾的上部，让蜜蜂筑造雄蜂房，然后用隔王栅阻隔，引导蜂王于计划的时间内在雄蜂房中产卵。

蜂巢内蜜蜂要稠密，蜂、脾比不低于 1.2:1，适当放宽雄蜂脾两侧的蜂路。保持蜂群饲料充足，在没有主要蜜源植物开花泌蜜时须奖励饲喂，直到育王工作结束。

**2. 种用幼虫的获得**　通过全年的生产实践，要求母群工蜂体色一致、繁殖力强、维持强群。

蜂巢内蜜蜂要稠密，蜂、脾比不低于 1.2:1，在提取幼虫前 1 周，适当限制蜂王产卵，3 天后加入适合养虫的巢脾，并奖励饲喂。

母群应有充足的蜜粉饲料和良好的保暖措施。在移虫前 1 周，将蜂王限制在巢箱中部充满蜂儿和蜜粉的 3 张巢脾的空间，在移虫前 4 天，用 1 张适合产卵和移虫的黄褐色带蜜粉的巢脾将其中 1 张巢脾置换出来，供蜂王产卵。

**3. 制造台基**　人工育王宜用蜡质台基。先将蜡棒置于冷水中浸泡半小时，选用蜜盖蜡放入熔蜡罐内（罐中可事先加少量水）加热，待蜂蜡完全熔化后，把熔蜡罐置于约 75 ℃ 的热水中保温，除去浮沫。然后，将蜡棒甩掉水珠并垂直浸入蜡液7毫米处，立即提出，稍停片刻再浸入蜡液中，如此2~3次，浸入的深度一次比一次浅。最后把蜡棒插入冷水中，提起，用左手食指、拇指压、旋，将蜡台基卸下备用（图5-4）。

养王也可选用塑料王台，并通过塑料房壁观察蜂王蛹的存亡。

图5-4 制造蜡质台基

**4. 粘装蜂蜡台基** 取1根筷子，用其端部与右手食指夹持蜂蜡台基，并将蜡台基底部蘸少量蜡液，垂直地粘在台基条上，每条7个左右（图5-5）。

图5-5 粘装蜂蜡台基

**5. 修补台基** 将粘装好的蜂蜡台基条装进育王框（图5-6）中，再置于哺育群内3~5小时，让工蜂修正蜂蜡台基近似自然台基，即可提出备用。

**6. 移虫** 从种用母群中提出1日龄内的虫脾，左手

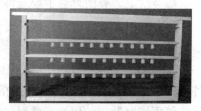

图5-6 育王框

握住框耳，轻轻抖动，使蜜蜂跌落箱中，再用蜂刷扫落余蜂于巢门前。将虫脾平放在木盒中或隔板上，使光线照向脾面，再将育

**119**

王框置其上，转动待移虫的台基条，使其台基口向上外斜，其他台基条的蜡台基口朝向里。

选择巢房底部蜂王浆充足、有光泽、孵化 12 ~ 18 小时的工蜂幼虫房，将移虫针的舌端沿巢房壁插入房底，从王浆底部越过幼虫，顺房口提出移虫针，带回幼虫，将移虫针前端送至蜡台基底部，按压推杆，移虫舌将幼虫推向台基的底部，退出移虫针（图 5-7）。

图 5-7　移虫针的正确用法

移虫结束，立即将育王框放进哺育群中。

移虫时，在王台中加一滴蜂蜜，或采取复式移虫措施，可提高处女蜂王的质量。

**7. 哺育**　挑选有 25 000 只以上的高产、健康蜂群作哺育群，各型和各龄蜜蜂比例合理，适当的蜂多于脾为宜，巢内蜜粉充足。种用雄蜂群或种用母王群都可作哺育幼王的蜂群。

在移虫前 1 ~ 2 天，先用隔王板将蜂巢隔成 2 区，一区为供蜂王产卵的繁殖区，另一区为哺养幼王区，养王框置于哺养区中间，两侧置放小幼虫脾和蜜粉脾。

在流程做完后的第 7 天检查，除去所有自然王台。每天傍晚喂 0.15 千克的糖浆，喂到王台全部封盖。在低温季节育王，应做好保暖工作，高温季节育王则需遮阳降温。

**（三）新王交配**

**1. 交配群的组织**　如果利用原群作交配群，就在介绍王台的前 2 天下午提出原群蜂王，48 小时后介绍王台。

如果组织专门的交配群，就从强群中提取所需要的子、粉、蜜脾，带 7 000 只蜜蜂，使蜂多于脾，除去自然王台后分配到交配箱中。

在分区管理中，用闸板把巢箱分隔为较大的繁殖区和较小的、巢门开在侧面的处女王交配区，并用覆布盖在框梁上，与繁殖区隔绝。在交配区放 1 框粉蜜脾和 1 框老子脾，蜂数 7 000 只左右，第 2 天介绍王台。

交配场地须开阔，蜂箱散放，置于地形、地物明显处。在蜂箱前壁贴上黄、绿、蓝、紫等颜色，帮助蜜蜂和处女王辨认巢穴，而附近的单株小灌木和单株大草等，都能作为交配箱的自然标记。

**2. 导入成熟王台**　移虫后第 10 天为导入王台时间，两人配合，从哺育群提出育王框，不抖蜂，必要时用蜂刷扫落框上的蜜蜂。一人用刀片紧靠王台条面割下王台，一人将王台镶嵌在蜂巢中间巢脾下角空隙处。在操作过程中，防止王台割裂、冻伤、震动、倒置或侧放。

**3. 交配群的管理**

（1）检查时间：导入王台前开箱检查交配群中有无王台和蜂王，导入王台 3 天后检查处女蜂王羽化和质量；处女蜂王羽化后 6～10 天，在上午 10 时前或下午 5 时后检查处女王交配或丢失与否，羽化 13 天检查新王产卵情况，若气候、蜜源和雄蜂等条件都正常，应将还未产卵或产卵不正常的蜂王淘汰。

（2）管理措施：严防盗蜂，气温较低时对交配群进行保暖处理，高温季节做好通风遮阳工作，傍晚对交配群奖励饲喂，促进处女蜂王提早交配。

**4. 优选蜂王**　优质蜂王产卵量大、控制分蜂的能力强，从外观判断，蜂王体大匀称、颜色鲜亮、行动稳健。除遗传因素外，在气候适宜和蜜源丰富的季节，采取种王限产，使用大卵养虫，复移 12 小时龄幼虫育王，强群限量喂养（不超过 20 个王台），保证种王群、哺育群食物充足，可培育出相对优质的蜂王。

在养王期间，对不正常的王台、个头小的处女蜂王、交配迟的蜂王和产卵不正常的蜂王，及时更换。

一个养蜂场，常年配备总蜂群数 10% 的养王群，及时淘汰质量差的蜂王。

# 第三节　中蜂蜂王的更换

在新蜂王产卵满脾时，对质量合格的蜂王及时交付生产蜂群或繁殖蜂群。及时淘汰劣质蜂王。

## 一、导入蜂王

**1. 邮寄王笼导入蜂王**　接到蜂王后，首先打开笼门，放走侍从工蜂，然后关闭笼门，将邮寄王笼置于无王群两脾中间（图5-8），3 天后无工蜂围困王笼时，再放出蜂王。

**2. 竹丝王笼换王法**　将蜂王装进竹丝王笼中，用报纸裹上 2~3 层，在笼门一侧用针刺出多个小孔，然后抽出笼门的竹丝，并在王笼上下孔注入几滴蜂蜜，最后将王笼挂在无王群的框耳上，3 天后取出王笼。

**3. 喷水导入蜂王法**　使用手动喷雾器，加入清水，在晴朗

图5-8 利用邮寄王笼导入蜂王

天气下午2时左右，将无王群中部的子脾提出，依靠箱壁，待工蜂安静后，用喷雾器对蜜蜂喷雾，使蜜蜂体表布满水滴，同时将蜂王也喷上水滴，并放入喷雾的蜜蜂中。然后，对两侧的巢脾喷雾，再将有王巢脾还给蜂巢，恢复蜂巢原样，盖上副盖、大盖。

在导入蜂王之前，须检查蜂群，提出原有蜂王，并将王台清除干净。在导入蜂王之后，3天内不开箱，通过箱外观察，如果蜜蜂采粉积极，就表明导入蜂王成功；如果发现工蜂围剿蜂王，应将蜂团放入温水中，待蜂散去，再次导入蜂王，受伤的蜂王须淘汰。

## 二、邮寄蜂王

通过购买和交换引进蜂王，需要把蜂王装入邮寄王笼里邮寄，用炼糖作为饲料，正常情况下，路程时间在1周以内是安全的。

**1. 有食无水邮寄王笼** 王笼两侧凿开 2 毫米宽的缝隙，深与蜜蜂活动室相通，一端装炼糖，炼糖上部覆盖一片塑料布，中间和另一端装蜂王和 6~7 只年轻工蜂，然后用铁纱网和订书针封闭，再数个并列，用胶带捆绑四面，留侧面透气，最后固定在有穿孔的快递箱中投寄（图5-9）。

**2. 有食有水邮寄王笼** 王笼一端装炼糖，炼糖上面盖 1 片塑料布，另一端塞上脱脂

图5-9 有食无水邮寄蜂王

棉，向脱脂棉注水约半饮料瓶盖。将蜂王和 7 只年轻工蜂装在中间两室，然后套上纱袋，再用橡皮筋固定，最后装进牛皮纸信封中，用快递（集中）投寄（图5-10）。

图5-10 有食有水邮寄蜂王

# 第六章　中蜂病虫害的防治

## 第一节　中蜂病虫害的特点

### 一、桶养与箱养的差异

饲养中蜂既有活框蜂箱，又有无框蜂桶，前者管理方便，但会对蜂群造成频繁干扰；后者管理不太方便，但蜂群安静。实践证明，采用活框蜂箱饲养中蜂，如果没有科学的方法和措施，造成的后果就是蜂病多，群势小。

### 二、中蜂病虫害的种类

微生物、不良的环境和天敌等都可引起中蜂的不适或死亡。微生物主要引起中蜂囊状幼虫病，中蜂的天敌主要是胡蜂、蜡螟、蚂蚁和蟾蜍，环境对中蜂的影响主要有住所影响蜜蜂的抗病能力、食物左右蜜蜂的发育好坏、农药等对蜜蜂的污染使蜂群衰败、高温和低温造成蜜蜂生长不良与成年蜜蜂寿命缩短。

### 三、中蜂病虫害的预防

科学的饲养管理，可以使蜜蜂个体和群体发育良好，提高蜜蜂的抗病能力，减少病虫害的发生。

**1. 场地适宜**　蜂场周围蜜源丰富，饮水清洁，避开风口及机器轰鸣的地方；将蜂群置于冬暖夏凉、干燥、通风、向阳处。

中蜂散放，一个放蜂点以 30 群左右为宜；在蜜源丰富、泌蜜稳定的地方，可放蜂 200 群。蜂箱摆放左右平衡、前低后高。

**2. 饲养强群**　强群蜂多、子旺，繁殖力、生产力和抗病力强。在春季繁殖时，如果蜂群弱小，无力为子脾提供足够的温度或食物（包括蜂王浆），则蜂子会发生冻害或营养不良，进而诱发各种幼虫病或大肚病（爬蜂病）。实践证明，在许多病虫害的预防中，强群有着明显的抗病优势。

饲养强群的关键措施是食物充足、及时换王、更新巢脾和保持蜂多于脾等。

**3. 食物充足**　强群是生活在饲料充足和优良环境中的蜂群。当蜂群缺乏饲料时，成年蜂及蜂子便处于饥饿状态，正常的生理机能被破坏，抵抗力减弱，病原就容易侵入体内而引起病害。同时，因营养不良，导致蜜蜂早衰，群势下降。对蜜蜂来说，没有足够的食物，要么死亡，要么羽化后不健康、寿命短。因此，在缺蜜时期，应补喂糖浆；在缺粉季节，应补喂花粉脾；在生产蜂蜜时，必须保留 2 张封盖蜜脾供蜜蜂食用。

饲料品质的优劣直接影响蜂群的健康。受病原体污染的饲料是许多传染病传播的媒介，例如，蜜蜂的腹胀和下痢就是由于食用了被病原体污染的饲料引起的。因此在饲喂前，对来源不明的花粉应做消毒处理，喂糖比喂蜜经济，且不易引起盗蜂和病虫害。变质的或营养不全的饲料，也会影响蜂群的安全。

**4. 蜂多于脾**　繁殖蜂群时，培养幼虫的数量应与蜂群的哺育能力，保持蜂巢温、湿度能力相一致，常年保持蜂多于脾（蜂不露脾）的蜂脾关系。

**5. 更新巢脾**　每年割除蜜脾，让蜂群造新脾繁殖，将前一年的繁殖脾用作蜂群贮蜜脾，可减少病害的发生。

**6. 抗病育种**　蜂王是蜂群种性的载体，一个好的蜂王应该是产卵力和抗病力都强的蜂王，平时注意选育抗病、高产蜂种，管好蜂王。

年年更换蜂王是防治囊状幼虫病的方法之一，也是维持蜂群强盛的关键。

**7. 保持安静**　管理蜂群，多点箱外观察，除分蜂和发现问题外，不开箱检查，尽量少惊扰蜜蜂。

**8. 防止病虫害蔓延**　对于少数得病群及时焚毁，对疫区环境及时消毒，防止病虫害扩散。

# 第二节　中蜂病害的防治

## 一、中蜂囊状幼虫病防治

### （一）病原

中蜂囊状幼虫病由蜜蜂囊状幼虫病毒引起，病毒粒子是呈正二十面体、平均直径 30 纳米的非包涵体，主要引起蜜蜂大幼虫或前蛹死亡，具传染性。

### （二）病征

蜂群发病初期，脾面上呈现卵、幼虫和封盖子排列不规则的现象，即"花子"症状。当病害严重时，患病的大幼虫或蛹死亡，房盖下陷并被撕开，有小洞，病虫呈"尖头"状，头部聚积透明液体，用镊子夹住头部将其提出，则呈囊袋状。病死幼虫由乳白色逐渐变成褐色，最后成黑褐色的鳞片，头尾部略上翘，形如龙船状（图 6-1）；病尸不具有黏性，无臭味，易清除。

成年蜜蜂被病毒感染后，消化道中有大量的病毒粒子，损伤中肠细胞，使其寿命缩短，但外观不表现症状。

### （三）规律

发病高峰期在当年 10 月至翌年 5 月。在蜂群处于繁殖期，

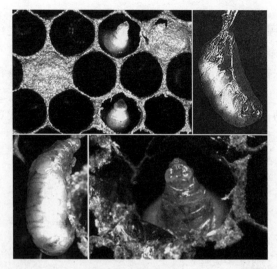

图 6-1　囊状幼虫病

温度低（<20℃）、昼夜温差大或天气忽冷忽热，尤其在早春低温寒流之后的条件下，多发此病，并以弱群和缺少食物的蜂群较严重，常同时发生欧洲幼虫腐臭病。另据报道，经常受到干扰的中蜂易患此病，箱养的中蜂比桶养的中蜂得此病多。笔者近年调查发现，河南中蜂年年罹患此病，春、夏、秋季都有发生。

（四）防治

**1. 预防措施**　通过长期生产实践，选无病强群作父、母群，经过连续选育，可获得抗囊状幼虫病的蜂群。充足的食物和强壮的群势，能增强蜂群的抗病能力。而将蜂群置于环境干燥、通风、向阳和僻静处饲养，少惊扰也可降低蜂群得病率。及时用石灰水浸泡蜂具和对场地喷洒消毒，有利于病群康复和控制病害蔓延。

**2. 换王造脾**　在蜂群生病时及时更换蜂王，重新建巢，合理喂蜂，则使病情好转。如果给生病蜂群导入王台，应保留饲料，割除子脾，使蜂稠密，同时预防工蜂产卵。

**3. 药物治疗** 用半枝莲或华千金藤（又叫海南金不换、牛舌头蒿）根煎药榨汁，配成 50% 的浓糖浆后，灌脾饲喂，饲喂量以当天吃完为度，连续多次。用量为 4 群蜂同一个人的用量。将含药糖浆置于盒中，如果天气好在傍晚喂蜂，天气不好在下午喂蜂，隔 2 天 1 次，连喂 4 次。全场蜂群都喂，弱群先喂糖浆 1 次，然后再喂药糖浆。另外，每次喂药前清洗食具。

将茵陈（绵茵陈或茵陈蒿，取 5 月茵陈）或藤婆茶加水浸泡并熬煮榨汁，制成糖浆，按照每群蜂成人用量一半的用量喂蜂，置于塑料盒中或喷洒巢脾、框梁均可，隔天 1 次，连喂 5 次。中药糖浆可同时添加人参水、复合维生素、山楂汁和蜂王浆等，增加食物营养。

## 二、欧洲幼虫腐臭病防治

### （一）病原

欧洲幼虫腐臭病由蜂房球菌等引起，该病菌无芽孢、披针形，直径 0.5~1 微米，菌体常结成链状或成簇排列，革兰氏染色呈阳性。蜂房球菌主要引起小幼虫死亡，具有传染性。

### （二）病征

小于 2 日龄的幼虫生病，4~5 天死亡。得病后，子脾出现"花子"现象，小幼虫移位、扭曲或腐烂于巢房底，体色由珍珠白色逐渐变成黑褐色（图 6-2）。当工蜂不及时清理时，幼虫腐烂，并有酸臭味，稍具黏性，但拉不成丝，易清除。

图 6-2 欧洲幼虫腐臭病

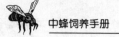 

### （三）规律

蜂群生病多在 3 月初至 4 月中旬和 8 月下旬至 10 月初，与春秋繁殖季节相吻合，小群重，大群轻，在主要蜜源开花期常"痊愈"，开花期后又发生。该病主要由营养不良等引起的并发症。

### （四）防治

**1. 预防措施**　抗病育种，更换蜂王；禁止患病蜂群移动，焚烧患病蜂群；选择蜜源丰富的地方放蜂，保持蜂多于脾和食物充足。

**2. 药物防治**　盐酸土霉素可溶性粉 200 毫克（按有效成分计），加 1∶1 的糖水 250 毫升喂蜂，每 4~5 天喂 1 次，连喂 3 次，采蜜之前 6 周停止给药。

## 第三节　中蜂天敌的防治

### 一、蜡螟的防治

#### （一）种类和形态

**1. 种类**　蜡螟属鳞翅目昆虫，在我国危害蜜蜂的主要是大蜡螟，小蜡螟潜伏箱底生活，为蜂群的卫生害虫。

**2. 形态**　蜡螟为全变态昆虫，有卵、幼虫、蛹和成虫 4 个发育阶段。

（1）大蜡螟：老熟幼虫长 18~23 毫米，体色有浅黄色或灰褐色（图 6-3）。成虫雌蛾体长 18~20 毫米，翅展 30~35 毫米。头及胸背面褐黄色，前翅略呈正方形，翅灰白色不匀，翅周有长毛。雄蛾体小，前翅端部有一呈 Y 形的凹陷。

（2）小蜡螟：幼虫体黄白色，成熟幼虫体长 12~16 毫米。

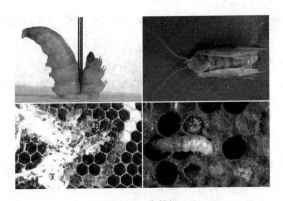

图6-3　大蜡螟
上左：幼虫　上右：成虫　下左：危害巢脾　下右：危害子脾

成虫雌蛾体长 10~13 毫米，翅展 21~25 毫米，除头顶部橙黄色外，全身紫灰色，翅紫灰色，周缘有长毛。雄蛾体较小，其前翅基部靠前缘处有一长 3 毫米左右的菱形翅痣。

**（二）发生规律**

**1. 越冬**　在河南省，无论是大蜡螟还是小蜡螟，在蜂群中的巢脾上都以幼虫和卵两个虫态越冬，而且在 12~38 ℃均能生长发育良好。

**2. 活动**　蜡螟成虫昼伏夜出，雌蛾常在 1 毫米以下的缝隙或箱底的蜡屑中产卵。

**3. 世代**　蜡螟一年发生 3~5 代，蜡螟完成一个世代需 2 个月或更长时间。在纯蜂蜡制品上，则不能完成生活史。

**4. 危害**　以幼虫危害蜂群和巢脾，钻蛀隧道，取食蜂巢内除蜂蜜以外的所有蜂产品，嗜好黑色巢脾。其结果是造成成行的"白头蛹"，或使被害的巢脾失去使用价值。

**（三）防治方法**

**1. 预防为主**　造新脾，换老脾，年年更新繁殖巢脾，旧脾及时化蜡。另外，蜂箱要严密，不留缝隙。

**2. 加强管理** 饲养强群，保持蜂多于脾、蜂不露脾。蜂箱前低后高，讲究卫生，勤扫箱底。置换出来的巢脾和割蜜产生的残渣及时榨蜡。

另外，在蜂箱上沿框槽处安装巢虫阻隔器，亦有较好效果。

## 二、胡蜂的防治

### （一）种类和形态

**1. 种类** 胡蜂属膜翅目昆虫，危害蜜蜂的主要是胡蜂属的种类，群居，繁殖季节由蜂王（多个）、工蜂和雄蜂组成，筑巢于树干或窑洞中。蜂巢外被虎斑纹的外壳包裹，蜂巢内有数层巢脾，巢脾单面，房口向下，巢房六角形，房底较平。

**2. 形态** 胡蜂为全变态昆虫，有卵、幼虫、蛹和成虫4个发育阶段。成虫体色鲜艳，胸与腹有相连的丝状细腰（图6-4）。

图6-4　胡蜂巢穴和胡蜂

### （二）发生规律

**1. 越冬** 当年最后一代雌蜂（王）交配后抛弃巢穴，寻找温暖的屋檐下、墙缝内和树洞中等处聚积越冬。

**2. 活动** 翌年春天，蜂王独自营巢、产卵、捕食和哺育，工蜂羽化后，则由其承担除产卵以外的所有工作。雄蜂是由蜂王产的未受精卵发育而来的，在交配季节，其数量与雌蜂数量相当，雄蜂与雌蜂交配后不久死亡。工蜂和雄蜂在越冬期间消失。

**3. 世代**　因种类及气候的差异，各地的胡蜂世代数不同，一般4~6代。

**4. 危害**　胡蜂是杂食性昆虫，在夏秋季节捕食蜜蜂。

（三）防治方法

**1. 管理好巢门**　降低巢门高度至7毫米以下、增加巢门宽度，阻止胡蜂进巢。

**2. 人工扑打**　当发现有胡蜂危害时，可用薄板扑杀。

**3. 药物防除**　将1克"毁巢灵"药粉装入带盖的广口瓶内，用捕虫网逮住胡蜂后，将其装进瓶中，任其振翅敷药粉于身上，几秒后放飞，带药归巢，则起到毒杀其他个体的作用（图6-5）。

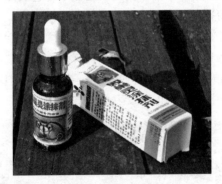

图6-5　胡蜂药饵

已知胡蜂巢穴时，可在夜间用蘸有敌敌畏等农药的布条或棉花塞入巢穴，杀死胡蜂。

## 三、蚂蚁的防治

（一）种类和形态

**1. 种类**　蚂蚁属膜翅目的社会性昆虫，在我国危害蜜蜂的有大黑蚁和棕色黄家蚁。

**2. 形态**　蚂蚁一生经历卵、幼虫、蛹和成虫 4 个阶段。成虫有些种有翅，有些无，体色多呈黄色、褐色、黑色或橘红色，分雌蚁、雄蚁、工蚁和兵蚁 4 种，胸腹间有明显的细腰节，雌蚁和雄蚁有翅两对。

### （二）发生规律

蚂蚁常在地下洞穴、石缝等地方营巢，食性杂，有贮食习性。喜食带甜味或腥味的食物。有翅的雌、雄蚁在夏季飞出交配，交配后雄蚁死亡，雌蚁脱翅，寻找营巢场所，产卵育蚁。一个蚁群工蚁可达十几万只。

蚂蚁个体小，数量多，捕食能力强。它们在蜂巢内外寻找食物，啃噬蜂箱，有的还在蜂箱内或副盖上建造蚁穴永久居住。

### （三）防治方法

蜂箱不放在枯草上，清除蜂场周围的烂木和杂草。

将蜂箱置于木桩上，在木桩周围涂上凡士林、沥青等黏性物，可防止蚂蚁上蜂箱。若将蜂箱置于箱架上，把箱架的四脚立于盛水的容器中，可阻止蚂蚁上箱（图 6-6）。

图 6-6　预防蚂蚁和蟾蜍危害

## 四、蟾蜍的防治

### (一)种类和形态

**1. 种类** 蟾蜍俗称癞蛤蟆,属两栖纲蟾蜍科动物,是蜜蜂夏季的主要敌害之一,主要有中华大蟾蜍、黑眶蟾蜍、华西大蟾蜍和花背蟾蜍等。另外,还有一些青蛙也危害蜜蜂。

**2. 形态** 蟾蜍体色一般呈黄棕色或浅绿色,间有花斑,形态丑陋。身体宽短,皮肤粗糙,被有大小不等的疣,眼后有隆起的耳腺,能分泌毒液。腹面乳白色或乳黄色。四肢几乎等长,趾间有蹼,擅长跳跃行动。

### (二)发生规律

蟾蜍多在陆地较干旱的地区生活,白天隐藏于石下、草丛和箱底下,黄昏时爬出觅食,捕食包括蜜蜂在内的各种昆虫和蠕虫。在天热的夜晚,蟾蜍会待在巢门口捕食蜜蜂,一个晚上能吃掉 100 只以上的蜜蜂。

### (三)防治方法

铲除蜂场周围的杂草,垫高蜂箱,使蟾蜍无法接近巢门捕捉蜜蜂。黄昏或傍晚到箱前查看,尤其是阴雨天气,用捕虫网逮住蟾蜍,放生野外。

## 五、蜘蛛的防治

### (一)形态与习性

**1. 形态** 蜘蛛有 4 对长足,一个大而圆的腹部,体色有土黄色、黄色带条纹、褐色等。腹部末尾有纺绩器,分成 6 个小突起,可排出胶状物质织网。

**2. 习性** 蜘蛛性情凶猛,多数栖息在农田、果园、森林和庭院,直接攻击猎物,或以结网捕食昆虫为生。

### （二）分布与危害

蜘蛛分布广泛。一方面，它潜伏花上守株待兔，等蜜蜂落下，便猛攻（以其喷射出的毒液使蜜蜂立即麻痹）捕食（图6-7）。另一方面，蜘蛛还结网捕获蜜蜂，从而获得食物，尤其是荆条花期，老荆条多的地方，蛛网密布，这也是蜂群在荆条花期群势下降或不能提高的主要原因之一。

图6-7　蜘蛛捕食蜜蜂

### （三）防治方法

在蜂场附近发现蛛网，及时清除。在嫩荆条多老荆条少的地方放蜂。

# 第四节　中蜂生理疾病防治

营养不良和不良刺激，都会引起蜜蜂生理障碍，从而表现出个体异常或死亡。

## 一、营养性疾病防治

### （一）病征与病因

**1. 病因**　早春繁殖时缺花粉、缺水和缺蜂蜜，平日蜂群饥饿，蜂群中子多蜂少哺育力（缺少乳汁）不足和不良饲料等都会引起。巢温过高、过低或天气干旱，会造成蜜蜂各虫期生理代谢紊乱，以及造成蜂离脾而哺育力相对不足。

**2. 病征**　幼虫营养不良，其形干瘦无光泽（图6-8），严重者死亡并被工蜂拖弃，虽然有些能羽化出房，但是体质差、身体小和寿命短，并伴随卷翅等畸形。蜜蜂营养不良会早衰、幼蜂爬死和消化不良等。由于营养不良、劳役过重，患病蜂群常并发孢子虫病和病毒病而大批死亡。

图6-8　幼虫营养比较

## （二）防治

把蜂群及时运到蜜源丰富的地方放养或补充饲料，即在生产蜂蜜时要保留2个封盖蜜脾供蜜蜂食用。在蜜蜂活动季节，要根据蜂数和饲料等具体情况来繁殖蜂群，保持蜂多于脾，并维护巢温的稳定；夏季注意对蜂群遮蔽，补充水分。

植物泌蜜结束撤出多余巢脾，保持蜂多于脾。

给蜂群喂糖，须少量多次，忌暴饮暴食。

## 二、生理性疾病防治

如管理方法不当和天气骤变，均可刺激蜜蜂产生不良反应。

### （一）病征与病因

气温骤变、巢穴温度过低、饲喂不当、烈日暴晒、震动、寒风吹袭、开箱检查、运输蜂群、取蜜作业等原因，都会刺激蜂群产生不适反应，如蜜蜂体色异常、蜂儿变形等。

### （二）防治

**1. 预防措施**　早春应依据蜜蜂自然繁殖时间，不过早管理，低温繁殖须蜜蜂密集，待新蜂出房再少量饲喂；预防蜂螫喷水驯服蜜蜂，切勿喷烟；干旱季节为巢穴补充水分，运输蜂群应夜晚进行，尽量缩短行程和时间，运输前适当控制繁殖；制作合适的蜂箱和选择优良的放蜂场地，为蜜蜂创造良好的生活环境，减少干扰蜂群的次数、时间和范围。喂糖要适量，保温处理宜简易，巢脾常更新，保持巢穴适当的湿度。

**2. 防治方法**

（1）弃子、整巢：由于刺激反应，出现幼蜂、蜜蜂异常，可关王断子、更换蜂王或给蜂群导入王台，割除子脾，保持蜂多于脾，重新繁殖。

（2）调子、整巢：将生病蜂群的子脾割除，从健康蜂群调进正在出房或即将出房的子脾，保持蜂巢蜂多于脾。蜂病控制后，再伺机换王。

另外，抽出子脾喷水至蜂体（脾）湿润，每日 1 次，温度高时每日 2~3 次，连续 3 日，对发病较轻蜂群有效。

（3）药物治疗：首先割除子脾。元胡 20 克，粉碎，放入食醋内浸泡 12 小时，然后加水煎熬 5~10 分钟，榨取汤药，重复 3 次，4 次汤药合并。每天取 1/5，加入氯苯那敏 1 片，治疗 1 群，傍晚提出巢脾，对蜜蜂喷雾至湿润，连续用药 5 次。

**3. 注意事项** 对蜂群适当喷水，有助于增加巢穴的湿度。蜂群因刺激出现不良反应，喂糖时应小心，过度喂食会加重病情。而及时转移场地，到环境、蜜源好的地方，对因热、闷受伤害的蜂群恢复元气更有利。

# 第五节　中蜂环境疾病防治

中蜂环境疾病一是由环境因素造成的，二是由管理、气候等因素引起的，使蜜蜂出现病态或死亡。

## 一、病征与病因

**1. 病因** 在工业区（如化工厂、水泥厂、电厂、铝厂、砖瓦厂和药厂等）附近，烟囱排出的气体中，有些含有氧化铝、二氧化硫、氟化物、砷化物、臭氧、氟等有害物质，随着空气（风）飘散并沉积下来。这些有害物质，一方面直接毒害蜜蜂，使蜜蜂死亡或寿命缩短（图6-9、图6-10）；另一方面沉积在花上，被蜜蜂采集后影响蜜蜂健康和幼虫的生长发育，还对植物的生长和蜂产品质量形成威胁。受这些毒物的危害，成年蜜蜂表现出体质衰弱，寿命缩短，采集、哺育和抗逆力下降；幼蜂发育不良，甚至死亡，从而造成群势下降，严重者全群覆没，而且无药可治。

**图6-9 受环境毒害（1）**

（2008年8月，距离郑州万象农化有限公司200米远的一个蜂场，
专家正在检查蜜蜂慢性中毒死亡情况）

工厂除排出有害气体外，还排出污水，与城市生活污水一起时刻威胁着蜜蜂的安全。污水造成的毒害，是近些年来"爬蜂病"发生的原因之一。

**图6-10　受环境毒害（2）**

（2008 年 8 月，距离郑州万象农化有限公司 200 米远的一个蜂场，
受毒气影响，剩余蜜蜂聚集在副盖下，打开副盖，蜜蜂急速
跳出蜂箱，在地上快速爬行）

　　毒气中毒以工业区附近及其排烟的顺（下）风向受害最重，污水中毒以城市周边或城中为甚。

　　另外，除草剂、抗虫蜜源植物也会对蜜蜂造成危害。

　　**2. 病征**　环境毒害，造成蜂巢内有卵无虫、爬蜂病等，致蜜蜂疲惫不堪，群势下降，用药无效。雨水多的年份轻，干旱年份重，并受季风的影响；在污染源的下风向受害重，甚至数十千米的地方也难逃其害。只要污染源存在，就会一直对该范围内的蜜蜂造成毒害。

## 二、防治

　　一旦发现蜜蜂因有害气体而中毒，首先清除巢内饲料后喂给糖水，然后转移蜂场。

　　如果是污水中毒，应及时在箱内喂水或巢门喂水，在落场时，做好蜜蜂饮水工作。

　　由环境污染对蜜蜂造成的毒害有时是隐性的，且是不可救药的。因此，选择具有优良环境的场地放蜂，是避免环境毒害的唯一办法，同时也是生产无公害蜂产品的首要措施。

# 附录:中蜂饲养常见问题的预防与处理

| 问题 | 原因 | 判断（现象） | 预防与处理 |
|---|---|---|---|
| 意蜂消灭中蜂 | 中蜂和意蜂同场饲养或蜂场相距太近 | 盗蜂、交配干扰，蜂群无粮饿死，不能正常繁殖 | 中蜂和意蜂分开饲养，蜂场距离在1 000米以上；培育蜂王时，两种蜜蜂蜂场相距5 000米以上 |
| 使用意蜂箱饲养中蜂 | 不符合中蜂的生活习性 | 群小，病多，蜜少 | 制作适合当地中蜂生活和生产管理的蜂箱 |
| 早春繁殖群势下降 | 缺食又提早春繁、低温天气喂蜂 | 成年蜜蜂早衰，幼蜂体质差、易生病 | 根据外界天气和蜂群情况进行繁殖，低温天气须炼蜂，不能喂蜂，不要过早繁殖 |
| 诱捕野生蜂群 | 自然分蜂 | 天气温暖、蜜源丰富、蜂群强大 | 在山的阳坡、目标明显处放置诱饵蜂箱，引进蜂群 |
| 中蜂分蜂 | 花多蜜多、蜂强子旺，蜂群分蜂 | 工蜂怠工，巢脾下缘长有王台 | （1）人工分蜂：①将有王台的巢脾割下，另置一箱（桶），舀入几勺蜜蜂，放在原群位置，原群移开；②将有王巢脾带蜂提出，另置一箱，多分配一些蜜蜂，原群留下一个粗壮规矩的王台，等待新王羽化产卵<br>（2）收捕蜂团：根据王台封口时间，判断分蜂时间，等待时机收捕分蜂 |

续表

| 问题 | 原因 | 判断（现象） | 预防与处理 |
|---|---|---|---|
| 检查无框中蜂 | 巢脾不能移动或提出 | 分蜂季节检查 | 将蜂箱侧板打开，或将蜂桶翻动30度角，观察巢脾下缘有无王台和巢脾颜色，从而判断蜂群分蜂与否和繁殖是否正常 |
| | | 无花季节检查 | 向上提起蜂巢，以轻重判断食物多寡 |
| 无框造脾 | 蜂窝 | 没有巢框 | （1）蜂窝或无框木箱饲养的蜂群，在植物开花泌蜜后，先割一侧的巢脾，翌年再割除另一侧的巢脾，腾出空间让蜜蜂造脾 |
| | 木箱 | | （2）桶养中蜂，结合割蜜和繁殖计划，先割除上部巢脾，待长出新脾后，再割除下部巢脾 |
| | 蜂桶 | | |
| 蜜蜂逃跑 | 自然分蜂 | 雨过天晴蜂群逃跑 | 及早育王更换老王，及时检查蜂群 |
| | 饥饿 | 缺乏食物 | 将蜂群转移到花多蜜多的地方放蜂，或补足饲料 |
| 蜜蜂蜇人 | 干扰蜂群 | 蜜蜂攻击人 | 少开箱、按照操作要求看蜂 |
| 工蜂产卵 | 蜂群无王 | 一个巢房多粒卵 | 导入蜂王，或合并蜂群 |
| 盗蜂盗蜜 | 无花、管理不善 | 盗蜂在某一箱周围聚集偷蜜 | 饲养强群、食物充足，多观察少开箱 |
| 蜂蜜浓度低 | 多次取蜜 | 蜂蜜起泡发酵 | 继箱取蜜，蜜房封盖，上午10时以前取蜜 |
| 巢蜜不封口 | 蜜源不足 | 蜜房不封盖 | 饲喂 |
| 蜂群饥饿 | 夏季无花 | 盗蜂、群势下降 | 将蜂群转移到有花的地方放蜂 |
| | 冬季寒冷 | 饲料不足 | 补充蜜脾 |

143

续表

| 问题 | 原因 | 判断（现象） | 预防与处理 |
|---|---|---|---|
| 蜂王丢失 | 机械损伤、围王、伤残 | 工蜂在巢门无序爬行，好像在寻找什么 | 及时导入蜂王或王台 |
| 更换蜂王 | 蜂王自然衰老 | 产卵少、繁殖差 | 用纸包裹王笼介绍蜂王，或安装王台 |
| 工蜂围王 | 介绍蜂王不被蜂群接受 | 蜂球——工蜂将蜂王包裹在一个由工蜂挤在一起的蜂团中 | 将蜂球置于温水中，救出蜂王，如完好无损，再采取更安全的方法导入蜂群，如受伤则弃之 |
| 蜂种退化 | 在一定区域内，蜜蜂种群数量少，不足以正常交配繁殖；或受意蜂干扰无法完成正常交配 | 近亲交配，有卵无虫 | 引进地理种或亚种进行杂交，远离意蜂种群培育蜂王 |
| 蜂病频发 | 干扰、缺食、蜂少等 | 囊状幼虫病、蜡螟危害 | 少干扰、蜜源丰、食物足、箱合适、蜂数稠、早换王 |
| 老鼠进箱 | 蜂箱不严密 | 冬季，有翅无尸 | 开箱捕鼠、药饵诱杀 |
| 胡蜂捕食 | 蜂场周围有胡蜂 | 夏、秋季节胡蜂围绕巢门捕食蜜蜂 | 捕杀胡蜂 |
| 巢虫危害 | 巢虫寄生 | 子脾有白头蛹 | 饲养强群、蜂不露脾，饲料充足、保持卫生 |

# 参 考 文 献

[1] 张中印, 吴黎明. 轻轻松松学养蜂. 北京: 中国农业出版社, 2010.

[2] 徐祖荫. 蜂海求索——徐祖荫养蜂论文集. 贵阳: 贵州科学技术出版社, 2010.

[3] 杨冠煌. 中华蜜蜂. 北京: 中国农业科学技术出版社, 2001.

[4] 龚凫羌, 宁守荣. 中蜂饲养原理与方法. 成都: 四川科学技术出版社, 2006.

[5] 杨冠煌. 引入西方蜜蜂对中蜂的危害及生态影响. 昆虫学报, 2005, 48 (3): 401-406.

[6] 杨冠煌. 中华蜜蜂在我国森林生态系统中的作用. 中国蜂业, 2009 (04): 5-7.

[7] 张中印, 李让民, 国占宝, 等. 陕县店子乡中蜂资源及生态养蜂展望. 蜜蜂杂志, 2008 (06): 20-22.

[8] 张中印. 中国养蜂学会——河南陕县残联养蜂助残好典范. 中国蜂业, 2009 (07): 20.

[9] 张中印, 刘振声, 侯宝敏, 等. 河南省蜜源资源概况. 蜜蜂杂志, 2009 (04): 39-40.

[10] 张中印, 李金福, 王慧高. 蜂群春季繁殖遇长期恶劣天气时的处置措施. 蜜蜂杂志, 2008 (03): 17.

[11] 张中印, 刘荷芬, 张金芳, 等. 河南省济源市中药材蜜源

植物调查. 蜜蜂杂志, 2007 (11): 40-42.

[12] 马培谦, 马维超, 马晓龙. 谈中蜂养殖的关键措施和方法. 蜜蜂杂志, 2009 (03): 21.